农业部新型职业农民培育规划教材

NONGYE JIXIE CAOZUOYUAN

农业机械操作员

李鲁涛　李敬菊　主编

中国农业出版社

编 写 人 员

主　编　李鲁涛　李敬菊

副 主 编　姜宝安　吴　新　张　娟

编写人员（以姓氏笔画为序）
　　　　　　于　晓　吕金科　乔庆勇　苏　甲　李得平
　　　　　　宋述歆　黄翊鹏　魏传颂

■ 编写说明

我国正处在加快现代化建设进程和全面建成小康社会的关键时期。我国的基本国情决定，没有农业的现代化就没有整个国家的现代化，没有农民的小康就没有全面小康社会。加快现代农业发展，保障国家粮食安全，持续增加农民收入，迫切需要大力培育新型职业农民，大幅提高农民科学种养水平。实践证明，教育培训是提升农民生产经营水平，提高农民素质的最直接、最有效途径，也是新型职业农民培育的关键环节和基础工作。为做好新型职业农民培育工作，提升教育培训质量和效果，农业部对新型职业农民培育教材进行了整体规划，组织编写了"农业部新型职业农民培育规划教材"，供各新型职业农民培育机构开展新型职业农民培训使用。

"农业部新型职业农民培育规划教材"定位服务培训、提高农民技能和素质，强调针对性和实用性。在选题上，立足现代农业发展，选择国家重点支持、通用性强、覆盖面广、培训需求大的产业、工种和岗位开发教材。在内容上，针对不同类型职业农民特点和需求，突出从种到收、从生产决策到产品营销全过程所需掌握的农业生产技术和经营管理理念。在体例上，打破传统学科知识体系，以"农业生产过程为向导"构建编写体系，围绕生产过程和生产环节进行编写，实现教学过程与生产过程对接。在形式上，采用模块化编写，教材图文并茂，通俗易懂，利于激发农民学习兴趣。

《农业机械操作员》是系列规划教材之一，共有七个模块。模块一——基本技能和素质，简要介绍农业机械操作员应掌握的基本知识与技能，应具备的职业道德，应了解的法律常识、安全知识和其他相关知识。模块二——农业机械常用油料选用和净化技术，内容有常用燃油选用及净化技术，常用润滑油、液压油选用技术。模块三——农业机械安全驾驶操作技术，内容有拖拉机的类型与结构、拖拉机启动和驾驶技术、联合收获机驾驶技术。模块四——农业机械作业技术，内容有耕地机械、整地机械、播种机械、水稻插秧机、联合收获机械的作业技术。模块五——农业机械维护保养技术，内容有拖拉机、联合收获机以及耕地、整地、播种、水稻插秧机等田间作业机械的维护保养技术。模块六——农业机械故障诊断与排除技术，内容有农业机械故障的分析判断和检查方法，拖拉机、联合收割机、精量播种机、机动插秧机、旋耕机、秸秆还田机等主要农机具常见故障排除技术。模块七——农业机械化新技术，内容有农业机械化重点推广新技术和节能减排技术。各模块附有技能训练指导、参考文献、单元自测内容。

目 录

模块一
基本技能和素质

1 知识与技能要求

农业机械操作员（农机操作员）是指操作用于农业生产及其产品初加工等相关农事活动的机械、设备（统称农业机械），进行农业生产作业的人员。

农机操作员应具备以下基本知识和技能：

（1）掌握农业机械常用的燃油、润滑油、液压油的种类、牌号、性能。

（2）能够熟练选用农业机械常用的燃油、润滑油、液压油等。

（3）能进行农业机械常用油料的净化。

（4）了解农业机械安全相关法律法规。包括《中华人民共和国农业机械化促进法》《中华人民共和国道路交通安全法及实施条例》《农业机械安全监督管理条例》，以及农业机械产品修理、更换、退货责任规定和跨区作业知识等。

（5）掌握农业机械常用法定计量单位及换算。

（6）掌握拖拉机及配套机具的组成、功用、构造和工作过程（可根据当地情况选学联合收割机、水稻插秧机、重点推广的农机具等机械）。

（7）能够熟练掌握拖拉机及配套机具（或联合收割机、水稻插秧机、挖掘机、植保机械、重点推广的农机具等）启动前的检查技术。主要包括启动前检查的内容、方法和技术要求。

（8）能够熟练启动拖拉机（或联合收割机、水稻插秧机、挖掘机、植保机械、重点推广的农机具等）和驾驶操作技术。主要包括正确启动发动机、起步、场地驾驶技术、道路驾驶技术、应急处置技术和安全注意事项。

（9）能够熟练进行拖拉机挂接配套机具和转移。包括拖拉机挂接农具技术、机组转移技术和安全注意事项。

（10）能够熟练根据农艺要求和农机特点相结合进行田块准备。

（11）能够熟练进行拖拉机及配套机具（或联合收割机、水稻插秧机、挖掘机、植保机械、重点推广的农机具等）作业调整。主要包括根据自然条件和农艺要求进行作业前（中）的调整。

（12）能够熟练操作拖拉机及配套机具（或联合收割机、水稻插秧机、挖掘机、植保机械、重点推广的农机具等）进行作业。主要包括拖拉机运输、田间和固定作业要领和安全注意事项（或收割机收获作业或插秧机插秧作业等）。

（13）掌握农机作业量的计算。

（14）能够熟练进行农业机械磨合试运转。主要包括农业机械试运转目的、规范和试运转后的保养方法。

（15）掌握农机技术保养知识。主要包括技术保养的原则、分级、保养周期和项目与技术要求。

（16）掌握拖拉机及配套机具（或联合收割机、水稻插秧机、挖掘机、植保机械、重点推广的农机具等）燃油、液压等各系统（或部分）中喷油泵、喷油器等主要部件的结构和工作原理。包括通过主要部件的拆装，加深理解。

（17）能够熟练进行拖拉机及配套机具（或联合收割机、水稻插秧机、挖掘机、植保机械、重点推广的农机具等）的技术维护。主要包括技术维护的内容、方法步骤、注意事项、入库保管和简单的修理。

（18）了解拖拉机及配套机具（或联合收割机、水稻插秧机、挖掘机、植保机械、重点推广的农机具等）零件鉴定与修理方法。

（19）掌握农机具故障分析原则和常用的检查方法。主要包括故障的表现形态与产生原因、故障分析原则和常用的检查方法。

（20）能够熟练进行拖拉机及配套机具（或联合收割机、水稻插秧机、挖掘机、植保机械、重点推广的农机具等）一般故障的诊断和排除。

（21）掌握当地重点推广的农业机械化新技术。主要包括当地推广的农业机械化新技术的原理、实施效果、机具作业规范与技术要点等。

（22）了解农业机械化节能减排技术。

农机操作员共设四个等级，分别为初级（国家职业资格五级）、中级（国家职业资格四级）、高级（国家职业资格三级）、技师（国家职业资格二级）。

2 职业道德

农机操作员应遵守的职业道德：遵章守法，安全生产；钻研技术，规范操作；诚实守信，优质服务。

农机操作员在遵守社会公德、职业道德基本规范的同时，还应结合自己的工作特点，自觉遵守本职业的道德规范。

■ 爱岗敬业，乐于奉献

农机操作员及其使用的机械设备是农业生产的主力军，最终生产出来的产品是满足人们生活必需的农产品。因此，要求农机操作员要从全局出发，全心全意为农业服务、为农民服务，提高农业生产效率，不能只顾个人利益，坑害农民。

■ 优质服务，尽职尽责

农业作业的对象是土地和作物，作业的及时性和质量好坏对农产品的产量和品质有直接影响。因此，农机操作员要有高度负责的精神，按照农业技术要求和操作规程，认真对待每一项工作、每一道工序，确保作业质量，优质、高效、低耗、安全地完成生产任务。

■ 遵纪守法，文明作业

遵守劳动纪律是职工最重要的职业道德之一。农机操作员不但要遵守一般的法律、法规，还要遵守农业机械操作规程、农机安全监理规章，确保田间作业和道路运输的安全。要文明作业，不使机器带病工作，不违反操作规定，自觉进行车辆技术状况检查。

■ 尊师爱徒，友爱互助

尊师爱徒、友爱互助是中华民族的传统美德。老师傅阅历深，见识广，经验丰富，遇事冷静，应当受到尊重和爱戴。老师傅爱护年轻人，努力把自己的好作风和过硬的技术毫无保留地传给他们，使他们尽快成长起来。

■ 好学上进，钻研技术

农机操作员是技术性很强的职业，必须努力学习农业机械的构造及其使用、维护和操作技术，不断总结经验，提高工作水平。随着技术的发展，农业机械的新产品不断问世，新机型不断出现，只有继续学习和钻研，才能跟上时代的发展，更好地从事自己的工作。

3 法律常识

农机操作员要遵章守法，安全生产。要学法、知法、守法、用法，自觉遵守《中华人民共和国农业机械化促进法》《中华人民共和国合同法》《中华人民共和国道路交通安全法》《中华人民共和国产品质量法》《中华人民共和国消费者权益保护法》《农业机械安全监督管理条例》，以及农机安全操作规程方面的有关法律、法规，确保安全生产。

（1）为了维护道路交通秩序，预防和减少交通事故，保护人身安全，保护公民、法人和其他组织的财产安全及其他合法权益，提高通行效率，《中华人民共和国道路交通安全法》自 2004 年 5 月 1 日起施行。该法对车辆和驾驶人、机动车与非机动车、机动车驾驶人、道路通行条件和道路通行规定等都做了明确规定。

（2）为了鼓励、扶持农民和农业生产经营组织使用先进适用的农业机械，促进农业机械化，建设现代农业，《中华人民共和国农业机械化促进法》自 2004 年 11 月 1 日起实施。该法将经实践证明的行之有效的政策措施通过法律的形式加以肯定，不仅确立了农业机械化的地位和作用，而且还指出了发展方向，成为今后农业机械化发展过程中应遵循的基本原则，为保障和促进农业机械化发展、建设现代农业提供了有力的法律保障。因此，这是我国农业法制建设史上的一件大事，是农业机械化发展历程中的一座里程碑，标志着我国农业机械化已进入依法促进的新阶段。该法第一次用国家法律的形式来保障农业机械化的发展，同时还确立了"农机购买国家补贴政策"。从而使得我国的农机在制造、销售、使用、培训、维修等方面发展迅猛。

　　全国农机补贴资金规模由 2004 年的 7 000 万元增加到 2012 年的 215 亿元，9 年翻了 8 番多。全国综合机械化率从 2004 年的 35.7% 增加到 2009 年的 57%，农机经营收入达 4 800 亿元。

（3）为了加强农业机械安全监督管理，预防和减少农业机械事故，保障人民生命和财产安全，《农业机械安全监督管理条例》自2009年11月1日起施行。该法对生产、销售和维修，农机使用操作，农机事故处理，农机服务与监督，以及法律责任等都做了明确规定。

4 安全知识

随着农村经济的快速发展及农民收入水平的提高，特别是中央惠农政策（农机购置补贴）的贯彻实施，农机迎来了发展的春天，农业机械化水平不断提高，农机安全形势严峻，农民对农机安全生产知识的需求也越来越迫切。作为农机操作人员，应该了解农机方面的法律、法规和规章，并认真遵守，以便做到安全生产，预防农机事故的发生，为农业生产提供优质服务。

▦ 农机启动常识

（1）检查有无润滑油和燃油。

（2）检查变速杆是否置于空挡位置。

（3）检查有无冷却水。严禁无冷却水启动。严冬季节启动前大量加沸水，应先加70℃左右温水预热。

（4）不准用明火烤车。

（5）手摇启动要握紧摇把，发动机启动后，应立即取出摇把。

（6）使用汽油启动机启动时，绳索不准绕在手上，身后不准站人，人体应避开启动轮回转面，启动机空转时间不准超5分钟，满负荷时间不得超过15分钟。

（7）使用电动机启动，每次启动工作时间不得超过10秒，一次不能启动时，应间歇2～3分钟再启动。严禁用金属件直接搭火启动。

（8）主机启动后，应低速运转，注意倾听各部有无异常声音，观察机油压力，并检查有无漏水、漏油、漏气现象。

（9）拖拉机不准用牵引、溜坡方式启动。如遇特殊情况，应急使用时，牵引车与被牵引车之间必须刚性连接，有足够的安全距离，并有明确的联系信号。溜坡滑行启动时，要注意周围环境，确保安全，并有安全应急措施。

农机固定作业要求

（1）发动机启动后，必须低速空运转预温，待水温升至60℃时方可负荷作业。

（2）使用皮带轮时，主从动皮带轮必须在同一平面，并使传动皮带保持合适的张紧度。

（3）使用动力输出轴时，动力输出轴和后面农具间的联轴节应用插销紧固在轴上，并安装防护罩。

（4）经常观察仪表，注意水温、油压、充电线路是否正常。

（5）发动机冷却水箱"开锅"时，须停止作业使发动机低速空转，但不准打开水箱盖，不准骤加冷水。

（6）发动机工作时出现异常声响或仪表指示不正常时，应立即停机检查。

（7）动力机停机前，应先卸去负荷，低速运转数分钟后才能熄火。不准在满负荷工作时突然停机熄火。

（8）检查、保养及排除故障时，必须先切断动力，后熄火停机进行。

（9）严禁超负荷作业。

（10）夜间作业照明设备必须良好。

拖拉机运输作业要求

（1）起步前需环顾四周，发出信号，确认安全后方可起步。不准强行挂挡，不准猛抬离合器踏板起步。

（2）手扶拖拉机起步时，不准在放松离合器手柄的同时操作转向手柄。

（3）手扶拖拉机应用中低速爬坡，不允许在坡时换挡。为避免倒退扶手应上翘。放松离合器制动手柄时应平稳，不得用大油门起步。在操作过程中严禁双手脱把及用脚操作变速杆。

（4）拖拉机在高速行驶时，不准用半边制动急转弯。轮式拖拉机在道路上行驶时，左右制动踏板须用锁板连锁在一起。正常行驶时，不准把脚放在离合器踏板上，不准用离合器来改变车速，不准在不摘挡的情况下，踏着离合器与他人说话或做其他事。

（5）驾驶室或驾驶台不准超员乘坐，不准放置有碍安全操作的物品，悬挂的农具严禁人员乘坐。

（6）挂接拖车和农具须用低挡小油门，农具手应尽量避开拖拉机和农具之间易碰撞和挤压的部位；拖拉机和拖车连接可靠，牵引卡的销轴用锁销锁住，加装保护链（可用钢丝绳代用）。拖车须安装气、油刹车和防护网。

（7）拖拉机和拖车的转向、制动装置的作用必须正常可靠。拖拉机必须安装方向灯、喇叭、尾灯、刹车灯、后视镜等安全设备。拖车必须装有尾灯、刹车灯、方向灯等显著标志。

（8）只准一机一挂，小型拖拉机不准挂大、中型挂车。

（9）运输易燃物品时，严防烟火，须有防火措施。

（10）在道路上会车时，要提前减速让路，使拖拉机和挂车拉成直线，如果需超越其他车辆，要考虑到拖车的长度，可过早驶入正常行驶路线。

（11）拖拉机带挂车要低挡起步，不准在窄路、滑道、弯道、交叉口及桥梁、涵洞时高速行驶。车辆列队行驶时，各车之间要保持足够的距离，拖带农具和高速行驶时，严禁急转弯。

（12）拖拉机上、下坡时必须遵守下列规定：①上、下坡前应选择好适当挡位，坡上不准换挡。②不准曲线行驶，不准急转弯和横坡调头，不准倒退上坡。③下坡时不准用空挡、熄火或分离离合器等方法滑行。④手扶、履带式拖拉机下坡转向或超越障碍时，要注意反向操作，防止走偏或自动转向。⑤坡上不准停车。必须停车时，要锁紧制动器，并采取可靠的防滑措施。

（13）拖拉机行经渡口，必须服从渡口管理人员指挥，上、下渡船应慢行。在渡船上须锁定制动，并采取可靠的稳固措施。

（14）拖拉机通过铁路道口时，必须遵守下列规定：①听从道口安全管理人员的指挥。②通过设有道口信号装置的铁路道口时，要遵守道口信号的规定。③通过无信号或无人看守的道口时，须停车隙望，确认安全后方可通过，切不可使发动机熄火。④不准在道口停留、倒车、超车、掉头。

（15）拖拉机在冰雪和泥泞路上行驶时，须低速行驶，不准急刹车和急转弯。

（16）拖拉机通过漫水路、漫水桥、小河、洼塘时，须察明水情和河床的坚实性，确认安全后再通过。

（17）履带式拖拉机或轮式拖拉机悬挂、拖带农具路途运输时，事先应将农具提升到最大高度，用锁定装置将农具固定在运输位置。通过坚硬道路时，牵引犁需拆掉抓地板，行车速度不能太高。通过村镇时须有人护行，严防行人和儿童追随、攀登。

（18）拖拉机在行驶中发生"飞车"，应立即停止供油，踏下制动器使发动机熄火。拖拉机停车、发动机"飞车"时，应打开减压，切断供油，并堵塞空气滤清器，迫使发动机熄火。

（19）倒车时，要选择宽敞平坦的地段，倒车时出现主、挂车折叠现象应立即停车，前进拉直后再重新倒车。

（20）夜间作业，必须有完好、齐全的照明设备。

（21）拖拉机停车时，发动机熄火并加制动前，不准到拖拉机底下检查、修理和保养机器。

（22）发动机冬天放水，应停车待水温降到70℃以下，方可以放水箱、机体内的水，并加盖"无水"牌。

■ 履带式拖拉机推土作业要求

（1）发动机工作时，禁止在推土机下工作，起步时，应通知周围其他人员。

（2）推土机行驶时，禁止站立在铲刀臂上跳上跳下，禁止在行驶中进行维护、修理。

（3）推土机作业时，驾驶员不准与地上人员传递物件，不准在驾驶室、脚踏板、手柄周围堆放物品，操作人员不得擅离职守。

（4）推土机作业时，向深沟推卸土方，铲刀禁止超出沟边，后退时，须先换挡后提铲。

（5）不准用推土机一侧或猛加油，或猛抬离合器踏板等方法，强行推铲硬埂、冻土、石块、树根等坚固物体。

（6）推土机在山区行驶时，不准在陡坡上横行。纵向行驶时，不准拐死弯，下陡坡时应将铲刀降至地面，不准拖着铲刀倒车下坡。

（7）推土作业时，应清理施工区段内埋没的电杆、树木、管道、石块、墓碑等，填平暗洞、墓穴、坑井，以防事故发生。

（8）坡地作业发生故障或机车熄火时，必须先把铲刀降至地面，踏下并锁住制动踏板，在履带前后用石块或三角木垫牢，然后进行检修和启动等工作。

（9）禁止铲刀升起后在铲刀下观察和工作。

（10）推土机经过公路路面时应装车转移。

■ 联合收割机收割作业要求

（1）收割机作业前，须对道路、田间进行勘查，对危险路段和障碍物应设明显的标记。

（2）对收割机进行保养、检修、排除故障时，必须切断动力或在发动机熄火后进行。切割器和滚筒同时堵塞或发生故障时，严禁同时清理或排除，在清理切割器时严禁转动滚筒。

（3）在收割台下进行机械保养或检修时，须提升收割台，并用安全托架或垫块支撑稳固。

（4）卸粮时，人不准进入粮仓，不准用铁器等工具伸入粮仓。接粮人员手不准伸入出粮口。

（5）收割机带秸秆粉碎装置作业时，须确认刀片安装可靠，作业时严禁在收割机后站人。

（6）长距离转移地块或区域作业前，须卸完粮仓内的谷物，将收割台提升到最高位置予以锁定，不准用集草箱搬运货物。

（7）收割机械要备有灭火器及灭火用具，夜间保养机械或加燃油时不准用明火照明。

5 其他相关知识

■ 农机选购

选购质量好的农机产品要注意以下四个方面：一是查看随机文件资料是否齐全。主要是说明书和产品合格证，说明书应详细介绍农机产品构造、工作原理、使用保养和三包服务（保修卡）等项内容；机身的显著位置贴有菱形的农机推广许可证证章；机身上应有铭牌标志，内容包括农机的主要参数，生产厂家名称、地址，执行标准代号，生产许可证编号。二是认真观察农机产品的外观情况。主要是从垂直和水平两个角度观察整台机器有无变形，整机外观有没有缺漆、严重划痕、鼓泡等现象，金属材料必须涂以防锈漆作底漆，机器覆盖件、钣金件应平整光滑等。三是详细检查机器装配情况。检查农机各处零、部件是否完整无损、无误，是否安装规范。所有非调整螺钉、螺栓、螺母都应确实拧紧，并按规定的锁紧办法锁紧，严禁用铁丝或铁钉代替开口销等。农机的所有转动、传动和操作装置运转灵活，无卡带。要有可靠的安全保护装置。凡是对使用人人身安全有可能产生危害的地方，都应设有安全保护装置。在易发事故的部位，必须有永久性警示性标志。四是要进行开机试验。特别是拖拉机、联合收割机、农用车等运输机械要通过试验，了解机动性能是否良好，发动机工作时是否运转平稳，燃烧情况和发动机声音是否正常，方向、刹车、油门等是否灵敏可靠，高速运转的农用机械（脱粒机、粉碎机等）要特别注意机器滚筒的平衡情况，带有压力容器的机器（机动喷雾机等）应通过试验，了解它的液泵压力能否达到规定值，安全阀作用是否正确，管道与接头是否有泄漏等。

农机报户及检验

申请农业机械报户，领取号牌和行驶证，须持居民身份证、农业机械来历凭证，到当地农机监理机构申请初次检验。检验合格的，由农机监理机构核发号牌和行驶证。

凡领有号牌和行驶证的农业机械，须按农机监理机构的规定参加年度检验。年度检验项目：①号牌、行驶证有无损坏、涂改。②行驶证各项记载与农业机械是否相符。③农业机械与主要配套农具的安全技术状态。年度检验合格，农机监理机构在行驶证内签注和盖章，并发给合格证。

农业机械启封复驶或根据农时季节安全生产需要，农机监理机构对农业机械及其主要配套农具进行临时检验。

年度检验和临时检验不合格的，限期修复，重新进行检验。

牌证

行驶证编号须与农业机械号牌编号相同。

号牌一副两块，号牌悬挂在农业机械前、后端规定位置。农业机械拖带挂车时，一块悬挂在农业机械前端规定的位置，一块悬挂在挂车尾部规定的位置。挂车后栏板外侧要喷刷与号牌编号相同的放大字号。

农业机械号牌、行驶证遗失或损坏，应及时到农机监理机构申请补换。号牌、行驶证未补换前，发给临时号牌或待办凭证。

异地登记

领有号牌、行驶证的农业机械转籍、过户、变更时，须按规定到农机监理机构办理异动手续。

转籍：①农业机械转出本辖区时，须到农机监理机构办理转籍手续。农机监理机构收回原号牌，发给临时号牌，填写转出证明，并在行驶证上签注转出事项，加盖农机监理机构印章。②农业机械转到其他辖区后，持转出证明向当地农机监理机构办理转入手续。农机监理机构审核后，收回原行驶证，发给新号牌和行驶证，并将回执寄给原籍农机监理机构。

过户农业机械在本辖区内所有权改变时，凭行驶证及其他有效证件，到农机监理机构办理过户手续。农机监理机构在行驶证和检验表的异动栏内签注盖章。

变更农业机械所属单位名称、住址、初次检验项目有变动时，须持行驶证和其他有效证明到农机监理机构办理手续。农机监理机构在行驶证和检验表异地栏内变更内容并盖章。

农业机械封存、报废，均应到农机监理机构办理手续，交回行驶证和号牌。

学习
笔记

模块二
农业机械常用油料选用和净化技术

油料在农业机械中广泛使用，是农业机械的动力来源和安全运行保障。在生产中，油料费用占机械作业成本的 25%～35%。同时油料的性能和品质直接影响农机的技术状态和使用寿命。所以熟悉油料的分类、品质与牌号，正确地选用油料及净化技术，对降低机械作业成本、增加农机作业收益具有重要意义。

农业机械常用油料按工作性质和主要用途一般可以分为三类：一是燃油，主要指柴油和汽油。二是工作油，主要包括液压油和制动液。三是润滑油，主要包括汽油机油、柴油机油、齿轮油及润滑脂等。

1 常用燃油选用及净化技术

农业机械常用燃油主要指柴油和汽油，其作用是燃烧后为内燃机提供动力。

■ 柴油的选用及净化技术

（一）柴油的牌号

柴油是压燃式发动机（即柴油发动机）的燃料，可分为轻柴油和重柴油两种。轻柴油用于 1 000 转/分及以上的高速柴油机，重柴油用于 1 000 转/分以下的中低速柴油机。一般加油站所销售的柴油均为轻柴油。

柴油的牌号是按照凝点来划分的，有 10 号、5 号、0 号、－10 号、－20 号、－35 号、－50 号七种牌号。凝点就是指油料开始失去流动性式的温度，例如 0 号柴油，表示在 0℃时该柴油便丧失了流动性，因此不能在该温度的气候条件下工作，以免柴油不能流动而无法给气缸燃油。从 10 号轻柴油到－50 号轻柴油，其凝点越来越低，分别在气温不同的地区和季节使用。

（二）柴油的选用

选用柴油时，主要是根据车辆使用时的环境温度，使柴油的凝点比当月最低温度低 4～6℃即可，以保证在最低气温下不凝固。

各牌号轻柴油的使用温度及环境，见表 2－1。

表 2－1　轻柴油的使用环境温度及地区

牌号	使用地区季节	使用最低气温（℃）
10 号	全国各地 6～8 月，长江以南 4～9 月	12
5 号	不低于 9℃的季节	8
0 号	全国各地 4～9 月，长江以南冬季	3
－10 号	长江以南地区冬季，长江以南地区严冬	－7
－20 号	长江以北地区冬季，长江以南、黄河以北地区严冬	－17
－35 号	东北和西北地区严冬	－32
－50 号	东北的漠河、新疆的阿尔泰地区严冬	－45

轻柴油的凝点越低，价格越高。所以，虽然全年只用一种低凝点的轻柴油可以满足使用要求，但不经济。

（三）柴油的净化

柴油机使用不洁净的柴油会使燃油系统零件磨损，造成工作恶化。柴油机燃油系统的技术状态对柴油机的动力性和经济性都有重要影响。因此，柴油净化不仅可以提高柱塞副等零件的使用寿命，而且关系到柴油机能否有效和经济地工作。柴油净化是指在使用前，通过沉淀和过滤等措施，除去油料中的杂质和水分，提高油料的清洁度。

1. 柴油预先沉淀。一般经过 96 小时的沉淀，可以除去 0.005 毫米的微粒。沉淀时间越长，对不能被滤清器清除的微小杂质的清除效果越明显。

2. 经过沉淀的柴油在取用时切记不要晃动。抽油的抽斗或胶管等不能直接插到油桶的底部，离桶底至少留有 80～100 毫米的距离。不能用倾斜油桶倒油的方法加油。至于油桶 80～100 毫米以下的柴油，可将它们集中起来，经过沉淀过滤后再用。

3. 加油时过滤。加油时一定要过滤，这是防止机械杂质进入柴油机的最后关口，在用抽斗或自流法加油时，最好用细布或其他滤清材料过滤。

汽油的选用

（一）汽油的牌号

汽油是点燃式发动机（即汽油发动机）的燃料，其牌号是按辛烷值的高低来命名的，常用的有 90 号、93 号、97 号。

汽油牌号越高，表明辛烷值越高，也就是汽油的抗暴燃能力越强。爆燃是汽油发动机的一种不正常燃烧，会导致发动机振动大、噪声高、机械零件磨损加剧等现象发生，因此，在使用中要避免汽油机产生爆燃。

（二）汽油的选用

在选择汽油的牌号时，应该参考使用说明书的要求。这个牌号是发动机生产厂家根据发动机的结构与压缩比的情况，保证在正常使用时发动机不发生爆燃而确定的，因此，不能随意变换不同的牌号。

小常识

汽油使用知识

（1）发动机长期使用后，由于燃烧室积炭，水套积垢等，使压缩比变大，爆燃倾向增加。此时应及时维护发动机，彻底清除水垢和进排气门、燃烧室内的积炭。若压缩比变大，则应选用牌号高的汽油，或者把点火提前角适当推迟，以免发生爆燃。

（2）低压缩比的发动机若选用高牌号的汽油，虽能避免发动机爆燃，但会改变点火时间，导致发动机的气缸积炭增加，长期使用会减少发动机的使用寿命，也不经济。

牌号高的汽油比牌号低的汽油贵，因此在保证不发生爆燃的前提下，应尽量选用牌号低的汽油。

（3）汽油中不能掺入煤油或柴油。

（4）在炎热夏季或高原地区，由于气温高、气压低，容易导致汽油蒸发而在油管路中产生气阻，应加强发动机的散热，使汽油泵、汽油管隔热，并增强油泵泵油压力或装用晶体管油泵。

（5）装有汽油机的车辆由平原驶入高原地区后，可将点火提前角提前或换用较低辛烷值牌号的汽油。反之，当汽车从高原驶入平原，应及时将点火提前角推迟或换用高牌号的汽油，以防止爆燃。

（6）桶装汽油不要装满，要留出7%的空间，并放置在阴凉处，避免日光照射，不能用塑料桶装，以免因汽油蒸发而爆炸。

2 常用润滑油、液压油选用技术

▪ 润滑油的选用

（一）润滑油的作用

润滑油按用途可分为汽油发动机润滑油（简称汽油机油）和柴油发动机润滑油（简称柴油机油），还有既适用于汽油发动机又适用于柴油发动机的润滑油，称之为通用机油。

润滑油主要有以下作用：

1. 润滑作用。 在运动零件之间提供油膜润滑，以减少摩擦和磨损。

2. 冷却作用。 作为传热介质从临界面上带走热量，起冷却作用。

3. 密封作用。 充填缸垫，在气门杆表面不平处和涡轮增压器的油封中起密封作用。

4. 清洗作用。 使污物悬浮于其中，不至在发动机零件表面形成积垢，起清洗作用。

（二）润滑油的分类

润滑油的质量等级，在国内外广泛采用美国汽车工程师学会（SAE）的黏度分类法和美国石油学会（API）的使用条件分类法。

1. 黏度分类法。 采用 SAE 的黏度分类法，将发动机润滑油黏度等级分为低温用油、高温用油和多级机油三类，即：

低温用油：0W、5W、10W、15W、20W、25W。

高温用油：20、30、40、50、60。

多级机油：5W/30、10W/40、15W/40、20W/40、20W/20 等。

其中，数字表示黏度等级，数值越大，表示黏度越高；字母 W 表示冬季机油品种，无 W 为夏季用油。牌号中的数字越小，表明该机油的黏度越小，适用的环境温度越低。

多级机油是用低黏度的基础油加入稠化剂制成的，可以全天候使用。例如5W/30，在夏季、冬季都能用，在冬天时，它的黏度不超过冬用5W的黏度值，在夏季时与高温用油30的黏度值相同，是一种多级机油。选用合适的多级油后，冬夏可不用换油。

根据黏度分类，发动机的润滑油可分为单级油和多级油两种。单级油只能在某个温度范围内使用。机油黏度等级与使用温度的关系见表2-2。

表2-2 机油黏度等级与使用温度的关系

机油黏度	使用环境温度（℃）	机油黏度	使用环境温度（℃）
0W	−55～−10	30	5～30
5W	≥−30	40	25～40
10W	≥−20	50	20～25
15W	≥−15	10W/40	−20～+30
20W	≥−10	15W/40	−15～+40
25W	≥−5	20W/40	−10～+40
20	0～20	20W/20	−10～+20

2. 使用条件分类法。 根据机油的性能和使用场合，API将机油分为汽油机系列与柴油机系列。每个级别用两个字母表示：第一个字母表示适用的发动机类型，汽油机用"S"，柴油机用"C"；第二个字母表示质量等级。如四行程汽油机油的等级有SC、SD、SE、SF、SG、SH、SJ，两行程汽油机油有RA、RB、RC、RD等级，柴油机油有CC、CD、CD-Ⅱ、CE、CF、CG、CH等级。

（三）汽油机油的选用

目前国内汽油机油品种的应用范围和黏度牌号见表2-3。

表2-3 汽油机油（S系列）的牌号应用

品种	适用范围	黏度牌号和应用
SC	适用于中等负荷、压缩比6.0～7.0条件下使用的载货汽车、客车的汽油机或其他汽油机	有 5W/20、5W/30、10W/30、15W/40、20W/40 等牌号

（续）

品种	适用范围	黏度牌号和应用
SD	适用于高负荷、压缩比 7.0~8.0 条件下使用的载货汽车、客车和某些普通轿车的汽油机	有 5W、5W/30、10W/30、10W/40、15W/40、20W/40 等牌号
SE	适用于压缩比 8.0 以上苛刻条件下使用的轿车和某些载货汽车的汽油机	有 5W/30、10W/30、15W/40、30 和 40 等牌号
SF	用于更苛刻条件下使用的轿车和某些载货汽车的汽油机	有 5W/30、10W/30、15W/40、20W/20、30 和 40 等牌号
SG	用于轿车和某些载货汽车的汽油机以及要求使用 API SG 级机油的汽油机	用于电喷发动机，如丰田、奔驰、桑塔纳 2000、富康等
SH	用于轿车和轻型货车的汽油机以及要求使用 SH 级油的汽油机	用于红旗、奥迪轿车的发动机
SJ	用于高级轿车的汽油机以及要求使用 API SJ 级机油的汽油机	适用于劳斯莱斯、凯迪拉克等进口及国产高级轿车

（四）柴油机油的选用

柴油机油的选择，应首先根据柴油机工作条件的苛刻程度选用合适的等级。质量等级选定后，再根据环境气温，并结合柴油机的技术状况选择柴油机油的牌号（黏度等级）。具体见表 2-4。

表 2-4　柴油机油（C 系列）的品种应用

品种	适用范围	黏度牌号和应用
CC 级	只适用于低增压和中等负荷的非增压柴油机以及一些重负荷汽油机	有 5W/30、10W/30、155W/40、20W/40、20W/20、30、40 等牌号
CD 级	用于需要高效控制磨损和沉积物或使用包括高硫燃料非增压、低增压和增压式柴油机以及国外要求使用 API CD 级机油的柴油机	如东风中、重型卡车，柴油发动机装用 CD30、CD40、CD50 或 CD15W/40、20W/50、10W/30 柴油机油
CD-Ⅱ级	用于要求高效控制磨损和沉积物的重负荷二行程柴油机	要求使用 APICD-Ⅱ机级机油的柴油机，同时也满足 CD 级机油的性能要求
CE 级	用于在低速高负荷和高速高负荷条件下运行的低增压和增压式重负荷柴油机	要求使用 API CE 级机油的柴油机，同时也满足 CD 级机油的性能要求

（续）

品种	适用范围	黏度牌号和应用
CF级	用于高速四行程柴油机以及要求使用 APICF‑4 级机油的柴油机。该级机油特别适合用于高速公路行驶的重负荷货车	有 10W、5W/30、10W/30、15W/30、15W/40、20W/40、30、40 等牌号

注：1. "W"是表示冬天的英文单词的单个字母，表示冬天用油。

2. 无"W"的为夏天用油。

3. 牌号中的数字越小，表明该机油的黏度越小，适用的环境温度越低。

（五）齿轮油的牌号与选用

齿轮油是用来润滑变速箱齿轮等机件的。由于齿轮的工作条件较苛刻，如接触面积小、齿轮负荷大、齿面上的油膜易遭到破坏等，故要用高负荷下仍能在齿面形成牢固油膜层的齿轮油润滑，以减少磨损。

低速货车的变速箱，选用普通车辆齿轮油即可。按国标规定，有 80W/90、85W/90 和 90 三个牌号，它们的适应范围如下：

（1）80W/90 号齿轮油，适于在－25℃以上地区全年使用。

（2）85W/90 号齿轮油，适于在－15℃以上地区全年使用。

（3）90 号齿轮油，适于在－10℃以上地区全年使用。

变速箱中加注齿轮油要适量，因为变速箱中齿轮传动装置的润滑为油淋式，如果加油过多，会增加搅拌阻力，造成能量损失；加油过少，则会使润滑不良，加速齿轮。另外，要按规定更换齿轮油。

齿轮油主要用于变速器、主传动器、转向器等处。

（六）润滑脂的牌号与选用

润滑脂是一种半固体膏状润滑剂。与润滑油相比，润滑脂具有良好的塑性和黏附性，它在常温和静止条件下，易在使用部位保持它原有的状态；当受热或机械作用时则变稀，能像润滑油一样起润滑作用，而当热或机械的作用消失后，它又恢复原状。因此润滑脂能在裸露、密封不良等不能用润滑油的场合下，对机械起保护、润滑、密封和减震等作用。

1. 润滑脂的类型。常用的润滑脂有钙基润滑脂、钠基润滑脂、钙钠基润滑脂和锂基润滑脂等几种。

（1）钙基润滑脂。俗称黄油，是常用的润滑脂。它具有良好的抗水性和保护性，广泛用于易接触水和潮湿的场合。其缺点是耐温性差，使用温度不超过 70℃。可用于底盘摩擦部位、水泵轴承、分电器等处。

按针入度的大小，分为 1、2、3、4 四个牌号，号数越大，润滑脂的针入度越小。

在中等转速、轻负荷和最高温度在 50℃ 以下的摩擦部位用 2 号合成钙基润滑脂。

在中等转速、轻负荷或中等负荷、最高温度在 60℃ 以下的摩擦部位用 2 号钙基润滑脂或 3 号合成钙基润滑脂。

在中等转速、中等负荷和最高温度在 65℃ 以下的摩擦部位用 3 号钠基润滑脂。

在低转速、重负荷和最高温度在 70℃ 以下的摩擦部位用 4 号钙基润滑脂。

（2）钠基润滑脂。它的特点是耐热不耐水（与钙基润滑脂相反），分为 2、3、4 三个牌号，适合于润滑温度较高而不遇水的部位，如离合器前轴承、低速货车上的发电机轴承等。其中 2 号和 3 号的钠基润滑脂的工作温度不超过 120℃，4 号钠基润滑脂的工作温度不超过 135℃。

（3）钙钠基润滑脂。它的性能介于钙基脂和钠基脂之间，具有一定的抗水性和耐高温性，分为 1、2 两个牌号。广泛用于各种类型的电动机、发电机、汽车、拖拉机和其他机械的滚动轴承润滑。1 号钙钠基润滑脂工作温度在 85℃ 以下，2 号钙钠基润滑脂工作温度在 100℃ 以下。

（4）锂基润滑脂。它具有良好的抗水性、较高的耐温性和防锈性，可在潮湿和高低温范围内满足多数设备的润滑，是一种通用润滑脂。使用它有利于减少润滑脂的品种和改善润滑效果，但价格较高。

2. 润滑脂的使用。 在使用润滑脂时应注意以下事项：

（1）在轴上使用时，不要涂满，只需涂装 1/2～2/3 即可，过多的润滑脂不但无用，还会增加运转阻力，使轴承湿度升高。

（2）用于轮毂轴承时，要提倡"空毂润滑"，即只在轮毂轴承上涂装适当的润滑脂，在轮毂内腔为了防锈，只薄薄抹一层即可，不要装满；否则，不仅浪费润滑脂，还会造成轮毂轴承散热不良，润滑脂受热外溢，甚至流到制动摩擦片表面，造成制动失灵。

（3）在涂新润滑脂前，要把废旧润滑脂清洗干净，并把零件吹干，以免加速新润滑脂的失效。

（4）在使用和保管润滑脂时，要注意清洁，不要露天存放。用完后要加盖，防止灰尘、砂土混入，最后放在阴凉干燥的地方。不要用木制容器存放润滑脂，因木料吸油，易使润滑脂变硬。特别是复合钙基润滑脂，更易吸潮变硬。

液压油的选用

液压系统运行故障的 70% 是由液压油引起的，因此，正确、合理地选用液压油，对于提高液压设备的工作可靠性，延长系统及元件的寿命，保证机械设备的安全、正常运行具有十分重要的意义。

液压油的选用应当在全面了解液压油性质并结合考虑经济性的基础上，根据液压系统的工作环境及使用条件选择合适的品种，确定适宜的黏度。液压油的品种选定后，黏度的选择具有决定的意义。

液压油的品种有普通液压油（代号 HL）、抗磨液压油（代号 HM）、低温液压油（代号 HV 和 HS）、难燃液压油（代号 HFAE 和 HFC）等。每种液压油都有若干不同黏度的牌号，牌号由代号和黏度值数字构成。普通液压油适用于中低压液压系统（压力为 2.58 兆帕），牌号有 HL32、HIA6、HL68；抗磨润滑油适用于压力较高（大于 10 兆帕）、使用条件苛刻的液压系统，牌号有 HM32、HM46、HM68、HM100、HM50 等。拖拉机、联合收割机、工程机械应选用此种油。根据工作环境温度选用相应黏度的牌号，在严寒地区作业的机械宜选用低温液压油。

参考文献

胡霞. 2012. 农机操作和维修工. 北京：科学普及出版社.

胡霞. 2010. 新型农业机械使用与维修. 北京：中国人口出版社.

单元自测

1. 如何选用汽油的牌号？
2. 如何选择柴油的牌号？
3. 0 号和 10 号柴油能互换使用吗？为什么？
4. 如何选择汽油机油？

技能训练指导

正确清洗发动机和更换机油

（一）训练场所

修理厂地槽工位。

（二）设备材料

扳手、废油桶、机油滤清器、不同型号和品质的机油（数桶）、清洗剂等。

（三）训练目的

熟练掌握清洗发动机及零部件的操作步骤和注意事项。

熟练掌握更换机油。

（四）训练步骤

1. 选择机油和更换时间。 依照品质、黏度、使用环境的气温以及是否高压缩比的发动机等情况，来选择质量级别与黏度级别与之相适应的发动机油。机油更换间隔根据不同车型而异，可参考随车手册。如果经常行驶于停停走走、高度污染、多灰尘的地区，应适当提高更换频率。

2. 预热发动机。 换油最好在行驶一段里程后立即进行，如果不能，也应该在换油前后启动车辆几分钟，使润滑油在发动机内部循环均匀，便于将各种沉积物一同带出。

3. **放油**。打开位于发动机底盘的放油口，将机油全部放入事先准备好的容器中，此时机油较热，小心烫伤。完成后，不要立即关闭放油口，适当空一段时间，保证发动机内残油完全流出。还有一种放机油的方式是使用机器将旧机油抽出，其优点是能够将残余的废机油排放得更干净。

4. **仔细观察**。观察流出机油状态，如果有臭味，十分黏稠或有分层现象，应当缩短换油周期，如果有强烈的燃油气味，说明发动机燃烧室密封不好，建议进行维修。

5. **更换机油滤清器**。关闭放油螺栓，更换发动机机油滤清器。机油滤清器的作用是过滤机油内各种杂质，防止杂质对发动机造成磨损，如长期不更换机油滤清器，会使机油滤清器因污垢而部分堵塞，污染物就直接流进发动机，加剧机件磨损；如仅更换机油而不更换机油滤清器，旧机油滤清器内残留的被污染机油会重新进入机油中循环，所以，每次换油时应更换机油滤清器。

6. **添加新机油**。擦干净发动机顶部的注油口周围的尘土，打开注油口，加注新鲜机油，然后使发动机急速运转 3 分钟左右，再将机油加至机油油尺上限，关闭注油口，启动发动机，急速几分钟，关闭发动机。

7. **检查机油量**。适当补充机油至油尺上限，关闭注油口，结束换油。

学习笔记

模块三
农业机械安全驾驶操作技术

1 拖拉机的类型与结构

■ 拖拉机的类型

按用途不同，拖拉机可分为工业用和农业用两大类。农业用拖拉机还可以分为一般用途和特殊用途两类。一般用途拖拉机主要用于一般作业的田间耕地、耙地、播种和收获作业，特殊用途拖拉机可以满足中耕、园艺等特殊的农业生产需要。

按结构类型的不同，拖拉机可分为手扶拖拉机、轮式拖拉机和履带式拖拉机等。轮式拖拉机根据驱动方式不同，又可分为两轮驱动式和四轮驱动式。目前使用较多的是农用轮式拖拉机多为两后轮驱动式。这种拖拉机的行走装置一般都采用充气轮胎，操作灵活，综合利用性能好，应用较为广泛。但由于轮胎接地面积小，在潮湿地作业时容易下陷或打滑。手扶拖拉机属于小型轮式拖拉机，它体积小，质量轻，结构简单，对山区和小块地有较好的适应性。履带拖拉机的主要优点是履带接地面积大，单位面积压力小，牵引扶着性能好，适合在潮湿、疏松的土地上作业。它的缺点是车身较大，价格高，综合利用性能差。

按发动机功率大小不同，可分为小型拖拉机（功率小于 18.4 千瓦），中型拖拉机（功率为 18.4～36.75 千瓦）和大型拖拉机（功率大于 36.75 千瓦）。

■ 拖拉机的结构

拖拉机主要由发动机、底盘和电气设备三大部分组成。图3-1所示为轮式拖拉机的结构示意图。

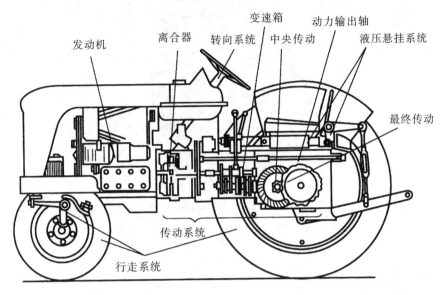

图3-1 轮式拖拉机的结构

（一）发动机

发动机是将燃料燃烧的热能转变为机械能的一种机器。燃料在气缸内燃烧的发动机叫内燃机。根据每个工作循环的行程数，内燃机可分为四行程和二行程两种；根据燃料的不同，又可分为柴油机和汽油机等。目前拖拉机的发动机都采用四行程柴油机。发动机一般由机体、曲柄连杆机构、配气机构、燃料供给系统、润滑系统、冷却系统和启动系统组成。单缸四行程柴油机的基本构造如图3-2所示。

1. 机体。是支撑和固定曲柄连杆机构及其他装置的骨架，主要包括气缸体、曲轴箱、气缸套和气缸盖等。

2. 曲柄连杆机构。是发动机实现工作循环、完成能量转换的机构，由活塞连杆组、曲轴和飞轮等组成。

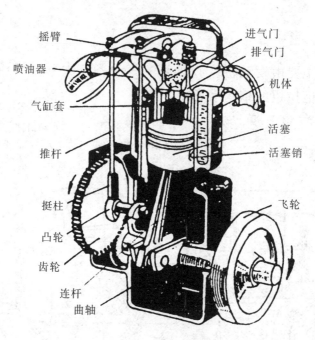

图 3-2　单缸四行程柴油机基本结构

3. 配气机构。

（1）功用：按照发动机的工作顺序和各缸工作循环的要求，准时开启和关闭进、排气门，保证各缸及时吸入新鲜空气和排除废气；在气门关闭时能可靠密封，以保证发动机正常工作。

（2）组成与工作过程：柴油机的气门大多布置在气缸盖上，称为顶置式配气机构。它由气门组、传动组和驱动组三部分组成。当曲轴正时齿轮旋转时，通过中间齿轮带动配气齿轮转动，凸轮的凸起推动随动柱上移，通过推杆使摇臂绕摇臂轴摆动，摇臂另一端克服气门弹簧的弹力迫使气门打开。当凸轮凸起转过后，气门在气门弹簧作用下自行关闭。

4. 燃料供给系统。

（1）功用：根据发动机的工作循环，将清洁的柴油定时、定量、定压地以雾状喷入气缸，并保证清洁空气能及时、充分地进入气缸，燃烧后的废气能干净地排除。

（2）组成：柴油机的供给系统由进、排气装置和燃油供给系统组成。进、排气装置包括空气滤清器，进、排气歧管，进、排气管和消音器等。空气由滤清器吸入，经进气管、进气歧管进入气缸，在燃烧室内与柴油混合；燃烧后经排气歧管、排气管、消音器排出。

燃油供给系统分为低压油路和高压油路两部分。油箱、沉淀杯、柴油粗滤清器、柴油细滤清器、输油管组成低压油路，用来完成柴油的储存、滤清和输送工作。喷油泵、喷油器和高压油管组成高压油路，用来完成柴油的喷射、雾化工作。

5. 润滑系统。

（1）功用：向各摩擦表面输送清洁的润滑油，起润滑、冷却、清洗、密封、防锈等作用。①润滑作用：在相对运动的各摩擦表面形成油膜，以减少零件的磨损，降低摩擦阻力。②冷却作用：靠润滑油的循环流动，冷却摩擦表面，带走摩擦表面的部分热量。③清洗作用：通过润滑油的循环流动，冲洗掉零件表面的金属屑和污垢，保持机体的清洁。④密封作用：润滑油在活塞、活塞环和气缸套之间形成的油膜起密封作用，以防止和减少漏气。⑤防锈作用：零件表面覆盖上一层油膜，可防止和减少零件表面的锈蚀。

（2）组成：润滑系统一般由油底壳、集滤器、机油泵、限压阀、机油滤清器、旁通阀（安全阀）、回油阀、机油压力表、机油温度表、标尺以及各种油管、油道组成。

6. 冷却系统。

（1）功用：把发动机燃烧过程中受热零件吸收的部分热量及时散发到大气中去，以保证发动机在正常的工作温度下运行。

（2）组成：压力循环式冷却系统一般由散热器、风扇、水泵、节温器、水温表、水套、水管等组成。

7. 启动系统。

（1）功用：当发动机在静止状态时，带动发动机曲轴旋转并达到其启动转速（汽油机 30 转/分左右，柴油机 200 转/分左右），使发动机气缸内形成可燃混合气并燃烧做功，自行运转。

（2）启动方法：有手摇启动、电动机启动和汽油机启动三种。①手摇启动：用摇把或拉绳直接转动曲轴的飞轮实现启动。小汽油机和小功率柴油机都采用这种启动方式。结构简单、启动可靠，但劳动强度大。因此功率在 15 千瓦以上的柴油发动机一般不采用这种方法。②电动机启动：借助启动电动机驱动发动机曲轴旋转来实现启动。电启动时由蓄电池供给电能。大多数发动机采用此种启动方式。③汽油机启动：用小型汽油机启动发动机的方式。4125A 型柴油机采用这种启动方式，所用汽油启动机的型号为 AK－10。

（二）底盘

底盘是拖拉机的骨架或支撑，是拖拉机上除发动机和电气设备外的所有装置的总称。它主要由传动系统、行走系统、转向系统、制动系统和工作装置组成。

1. 传动系统。

（1）功用：①增扭减速：传动系统可以将发动机动力的小扭矩、高转速转化为拖拉机行驶所需要的大扭矩、低转速。②变扭变速：传动系统能在不改变发动机扭矩和转速的情况下改变拖拉机的牵引力和行驶速度。③改变拖拉机的行驶方向：发动机只能朝一个方向旋转，必须依靠传动系统才能改变驱动轮的旋转方向，使拖拉机既能前进又能倒退。④脱开传动：在发动机不熄火的情况下，传动系统可以切断发动机与驱动轮之间的动力传递，以实现启动、换挡等操作。⑤平顺地结合动力：保证拖拉机平稳起步。

（2）组成：主要由离合器、变速箱、中央传动和最终传动等装置组成，如图 3－3、图 3－4 所示。小四轮拖拉机、手扶拖拉机还设有皮带传动装置。

2. 行走系统。

（1）功用：将发动机传给驱动轮的驱动力矩变为拖拉机工作所需的驱动力，并将驱动轮的旋转运动转化为拖拉机在地面上的移动；支撑拖拉机和悬挂农具的全部重量；缓和地面对机架的冲击。

（2）组成：轮式拖拉机的行走系统主要由车架、前桥、前轮（导向轮）和后轮（驱动轮）组成。履带式拖拉机的行走系统主要由悬架、支重轮、驱动轮、履带、托轮、导向轮和张紧装置等组成。

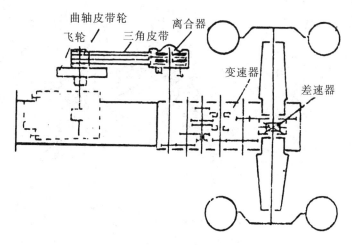

图 3 - 3　小四轮拖拉机传动系统

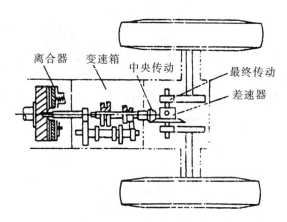

图 3 - 4　大中型轮式拖拉机传动系统

3. 转向系统

（1）功用：改变和纠正拖拉机的行驶方向，保证拖拉机正常工作。

（2）组成：轮式拖拉机的转向系统有转向梯形式和双拉杆式两种，如图 3 - 5 所示。它由方向盘、转向器和一系列传动杆件组成。转动方向盘时，转向器使转向垂臂摆动，带动传动杆件运动，使两导向轮产生偏转，引导拖拉机实现转向。

履带式拖拉机的转向系统由转向离合器、制动器和操纵机构组成。

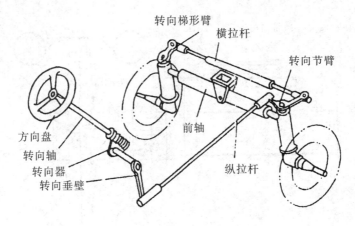

(a)转向梯形式转向机构

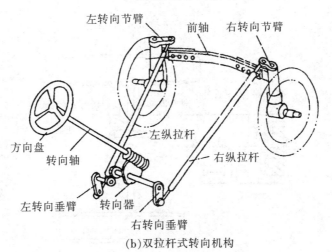

(b)双拉杆式转向机构

图 3-5　轮式拖拉机转向系统

4. 制动系统。

（1）功用：迅速降低拖拉机的行驶速度；在紧急情况下，可迅速停车；在特殊情况下，采用单边制动可以减小拖拉机的转弯半径。

（2）组成：主要由制动器和制动传动装置组成。

5. 工作装置。用于牵引、悬挂农具，或通过动力输出轴向作业机具输出动力，以便完成运输作业、田间作业及脱粒、抽水等固定场所的作业，加大了拖拉机的作业范围。工作装置主要包括牵引装置、液压悬挂装置和动力输出装置。

（1）牵引装置：用来连接牵引式农具和拖车，方便与各种农具连接。牵引点的位置能在水平面与垂直面内进行调整，即能进行横向调整和高度调整，便于挂接不同结构的农具。

（2）液压悬挂装置：主要用以连接农具和拖拉机，控制农具的升降、作业深度及离地高度；还可以输出液压油，供作业机具上的液压元件和自卸挂车使用。液压悬挂装置由液压系统和悬挂机构两部分组成，如图3-6所示。

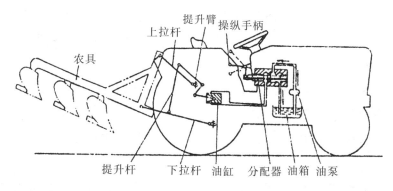

图3-6　液压悬挂系统组成

液压系统是液压悬挂系统的动力装置，主要由油泵、分配器、油缸、操纵机构以及油箱、油管、滤清器、密封件等附件组成。

悬挂机构用以悬挂农具，并在液压作用下升降农具，主要由提升臂、提升杆、上拉杆、下拉杆和连接件等组成。

（3）动力输出装置：通过动力输出轴将发动力的功率以旋转的方式传递给农具。移动作业时，通过带有万向节的联轴器把动力传递给农具；固定作业时，在动力输出轴上安装驱动皮带轮，向固定作业机具输出动力。

（三）电气设备

电气设备主要是供拖拉机照明、信号和启动发动机等，由发电设备、用电设备和配电设备三部分组成。发电设备主要包括蓄电池、发电机及调节器。用电设备主要包括启动电动机、照明灯、信号灯、喇叭及各种仪表。配电设备主要包括配电器、导线、接线柱、开关和保险装置。

1. 拖拉机电气设备的特点。

（1）低压：所用电源电压一般为 6 伏和 12 伏。

（2）直流：目前大中型拖拉机一般都采用直流电源；但小型拖拉机（小四轮、手扶）和履带式拖拉机上仅用于照明的电源仍采用交流电源。

（3）并联：用电设备与电源设备多为并联。

（4）单线制：用电设备一端分别用一根导线与电源一端连接，而用电设备和电源的另一端都与金属机体连接（俗称"搭铁"）。搭铁由正极搭铁和负极搭铁之分。

2. 拖拉机电气设备总电路。一般由充电电路、启动预热电路、信号仪表电路和照明电路四个独立的部分组成。掌握电气设备的一般接线原则和学会正确分析电路，对于及时判断和排除电路故障，是非常重要的。

（1）接线的一般原则（图 3 - 7）。①电源和用电设备都按"单线制"连接，各用电设备一端与电源相接，另一端则与机体相连，利用机体构成电流的回路。②电流表串接在充电电路中，以指示充、放电电流。总电路一般都以电流表为中心，分为前、后两部分。由电流表至蓄电池间的电路称表前部；从电流表到发电机调压器之间的电路叫

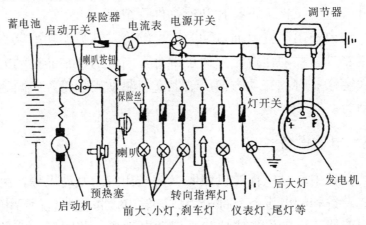

图 3 - 7 拖拉机电气设备一般接线原则

表后部。③有搭铁极性要求的发电或放电设备，如发电机、蓄电池等，都是以发电机的搭铁极性为标准，其他用电设备的搭铁极性必须与发电机相同。④发电机与蓄电池两个电源必须并联，所有用电设备与电源都是并联的。各用电设备的电压，应与电源电压相一致。⑤电源开关串接在表后部充电电路上，是控制充、放电的总枢纽，调压器电枢接线柱与蓄电池之间的连接，应由电源开关隔开，以防蓄电池通过发电机的激磁电路放电烧坏发电机。⑥凡瞬时用电量大、超过电流表指示范围的用电设备和启动电动机，应接在表前部电路中，其用电电流不经过电流表。某些机型的电喇叭因用电量大、用电次数较频繁，有时也接在电流表之前。⑦除启动电动机和电喇叭外，其余所有用电设备都通过电源开关与电源并联在电流表后。⑧电流表接线应使充电时指针摆向"＋"值方向，放电时摆向"－"值方向。⑨总保护装置串接在表前部蓄电池和电流表之间的电路中。⑩拖拉机上用电设备所用导线，除磁电机点火装置所用高压线外，大都使用低压蜡克和聚氯乙烯绝缘线两种。铜线为多股，导线截面积的大小根据电流大小来选择。

⚠ 温馨提示

拖拉机用电设备导线接线注意事项

（1）根据实际需要选择导线长度，导线不应承受拉力，也不宜过长。

（2）导线应包扎整齐、连接牢固，以免振动磨损。

（3）导线在穿过棱角或孔洞时，应加保护管套。

（4）同一连线，如分前后两段，应用同一种颜色，以便识别。

（5）各连接点应保持清洁，接触良好。

（2）充电电路（图3-8）。硅整流发电机充电电路由发电机、调压器、电流表、电源开关、熔丝和蓄电池连接而成。发电机和蓄电池

并联，负极搭铁。电流表、熔丝和电源开关串联在发电机与蓄电池电路中，发电机与调压器的同名磁场接线柱相接。电源开关串接于蓄电池与调压器电枢接线柱之间。发电机正常工作时，可向启动电动机以外的所有用电设备供电，并可向蓄电池充电；充电电流经过电流表，表针指向"＋"值方向。发电机不工作或供电不足时，表针指向"－"值方向。

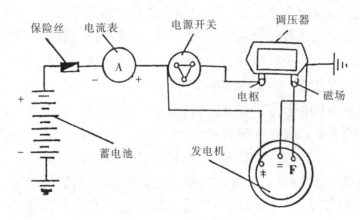

图 3-8　硅整流发电机充电电路

　（3）启动、预热电路（图 3-9）。由蓄电池、电源开关、启动开关、启动电动机和预热器等连接而成。发动机启动时，蓄电池向启动电动机供应大电流，所以蓄电池与启动电动机之间应用粗导线连接，线路尽可能短，且应接触良好、牢固；电流表接在启动电路之外，不使启动电流流经电流表。

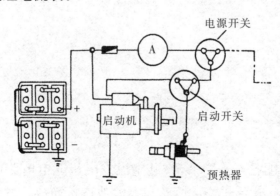

图 3-9　启动、预热电路

启动电动机的控制电路，受电源开关和启动开关双层控制；启动预热器的接线从启动开关的预热位置引出。

（4）照明电路（图 3－10）。照明电路由蓄电池、电源开关、灯开关、电流表、熔丝及照明灯等连接而成。拖拉机的照明设备，一端经自身搭铁，另一端经电源开关接通电源，受电源开关、三挡或两挡灯开关双层控制。

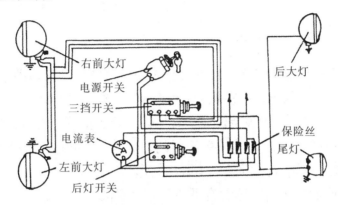

图 3－10　照明电路

（5）信号及仪表电路（图 3－11）。由电喇叭、小灯总成、仪表灯、刹车灯、蓄电池、电流表、电源开关、水温表、油温表、机油压力表、熔丝及开关连接而成。

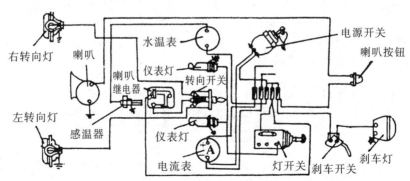

图 3－11　信号及仪表电路

信号装置如电喇叭、转向指示灯、刹车灯等是安全行车的常备装置，其从电源开关上的引出线应直接与电源相通；尾灯、仪表灯、牌照灯等，无论灯开关拉至何挡均应与电源相通；小灯应在大灯打开后关闭；仪表接线，应考虑只有当发动机工作时电路才通。

2 拖拉机启动和驾驶技术

◼ 出车前的检查

（一）驾驶员的准备事项

（1）驾驶员服装的选择力求合身，便于身体各部位运动，如夹克工作服、短腰运动鞋、胶底皮鞋、线手套等。不宜穿袖口肥大、裤腿宽长、包裹双腿、双肩过紧的服装，如紧身牛仔、喇叭裤等。不可戴二指手套。不宜穿影响脚部活动、鞋内或鞋底滑的各类鞋。不准赤脚或穿拖鞋。

（2）必须携带驾驶证和车辆行驶证。

（3）不准将车辆交给没有驾驶证的人驾驶。

（4）不准驾驶与驾驶证准驾车型不相符合的车辆。

（5）饮酒或疲惫时不得驾驶拖拉机，以免引发事故。

> ⚠ **温馨提示**
>
> ### 考取驾驶证
>
> 在驾驶拖拉机前，操作者应先到当地的农业机械主管部门批准的"拖拉机驾驶学校"进行培训，并考取拖拉机驾驶员证后，才有资格驾驶拖拉机进行生产作业。
>
> 农业部制定的《拖拉机驾驶证申领和使用规定》中，对驾驶员的身体条件、考试内容及评定标准都做了明确规定，是当前各地农业机械主管部门进行拖拉机驾驶考试、发证、年检的依据。

⚠️ **温馨提示**

办理拖拉机登记

根据农业部制定的《拖拉机登记规定》，新买的拖拉机，要到当地的农业机械主管部门进行登记，并取得拖拉机号牌、拖拉机行驶证后，才能投入使用。从他人处购买的旧拖拉机，也要先到当地的农业机械主管部门进行过户登记、办理相应的手续，之后才能投入使用。并按规定，及时配合农机监理部门对车辆进行年检。

（二）车辆检查

拖拉机出车前应进行认真的检查，不仅可以消除事故隐患，有效地防止事故的发生，而且能提高作业效率，因此，每次出车前都应坚持对下列重点部位检查，以确保安全。

（1）检查发动机油底壳机油油面是否合适。当拖拉机停放在平坦地面上时，发动机油底壳的正常油面应在油尺的上下两刻线之间，最好距上刻线位置2/3附近处。

（2）检查燃油和冷却水是否足够。

（3）检查轮胎气压是否正常，轮毂固定螺栓是否紧固可靠；履带拖拉机履带松紧度是否合适。

（4）检查各润滑点，必要时加注润滑油。消除漏油、漏水现象。

（5）检查各操纵机构，尤其注意转向和制动机构，看作用是否正常，连接是否可靠，自由行程是否恰当。

（6）检查配套农具技术状态是否正常，与拖拉机之间的挂接是否牢靠。

（7）各部机件是否齐全、有效、安全。

（8）检查必要的随车工具、备件是否携带。

对技术状态不熟悉的拖拉机，一定要进行全面的检查，只有做到"心中有数"，才能使用。

发动机的启动

（一）启动前的准备

1. 出车前的检查。完成拖拉机出车前的各项检查工作。

2. 挡位。变速杆和液压油泵离合器手柄应置空挡位置。

3. 冷车启动应做好预润滑工作。拖拉机停放时间较长后的首次启动，称冷车启动。由于拖拉机停放时间较长，轴颈与轴瓦间的机油被挤出，停车越久，残留的机油越少，刚启动时，机油不能立即送到摩擦表面，加之启动时转速较低，不能形成强力的润滑油油楔去隔开两个摩擦表面，因此磨损加剧。试验表明，启动磨损占发动机总磨损量的 $50\% \sim 60\%$。所以，为了减轻发动机的磨损，冷车启动时应对发动机进行预润滑。方法如下："减压"位置，将油门手柄置于停供位置，然后用摇把快速摇转曲轴，直到主油道有了一定油压后，方可启动发动机。

4. 改善低温状态下的启动措施。在寒冷地区或寒冷季节，一方面由于发动机温度低，机油黏度变大，发动机转动阻力明显增大；另一方面由于发动机温度低，柴油雾化和蒸发效果不良，结果造成启动困难。因此，应采用"预热升温、冷摇慢转"的启动方法。一般预热升温常用以下方法。

（1）热水预热。启动前向冷却系注入 70℃ 左右的热水，停一段时间后再放出，边注边放，使发动机的温度提高 $30 \sim 40$℃，以利启动。寒冷季节注意不可骤加沸水。

（2）预热机油。停车时趁热将油底壳中的机油放入干净的专用油桶，盖上盖，并将油桶置于温暖的房内。启动前将盛机油的油桶放入铁水桶中，加热铁水桶的同时加热油桶中的机油，待机油温度升高后，注入曲轴箱，即可启动。以上两种方法在寒冷地区冬季可同时使用。

（3）启动液。使用启动液时应注意以下事项：喷射量，寒冷季节宜多些，多缸机宜多些。应注意贮存保管，避免火源，以防引起爆炸。

（4）启动加浓器。当发动机上设有启动加浓装置时，必要时可使用启动加浓器。

> **⚠ 温馨提示**
>
> 发动机技术状态正常，且采取了适当的启动措施，在寒冷季节是不难启动的。如多次启动不成功，则应对发动机进行检查调整。

（二）发动机的启动

1. 手摇启动。打开燃油箱开关，排除燃油系低压油路中的空气，开大节气门开度，摇车启动。正确摇车启动的方法是：右手五指位于同一侧，紧握摇把，左手置减压杆于减压位置，由慢至快摇转曲轴，当转速达最大时，迅速将减压杆由减压状态转换为工作状态，右手并继续用力摇转曲轴，待发动机产生连续暴发着火后，再及时取出摇把。

手摇启动应注意以下事项：第一，当左手变减压为工作状态时，还应继续用力摇转曲轴，注意不得停止摇车，也不要向外拔手摇把，仍须紧握手把。第二，摇车时手上切不可沾油。第三，右手五指位一侧，紧握摇手柄，可避免发动机反转时损伤"虎口"。

2. 启动机的启动。以 AKIO 型汽油机为例，启动时应注意以下事项：

（1）启动绳不可绕在手上启动，以防止启动机反转时手被卷入的事故。

（2）启动机用燃油必须按汽油与柴油机机油的体积比为 15：1 配制，否则机油过多，难以启动，增加积炭；机油过少，增加磨损。

（3）启动过程中，不许用手直接操纵启动机调速器外杠杆，以改变启动机曲轴转速。

（4）自动分离机构接合杆在启动主机接合后，应将其提到原来的锁定位置。禁止用手压接合杆强行阻止其脱开启动。

（5）启动机高速运转时，禁止用手按磁电机按钮的方式停车。

（6）主机预热运转阶段，不得供油。否则会造成燃油冲刷缸壁润滑油膜，稀释曲轴箱机油浓度，以及着火后增加气缸内的积炭等弊病。

（7）启动机连续运转工作时间不准超过 15 分钟，每次不超过 2 分钟，并不允许超负荷和过热情况下工作。

3. 电动机的启动。接通电源开关，有预热装置的拖拉机根据气温，分别预热 0.5～2 分钟。踏下离合器踏板、拉起阻风门拉钮，将启动开关置"启动"位置，使发动机启动。如预热一次不能启动，可进行第二次预热。电动机一次启动时间不超过 5 秒，再次使用时间间隔应在 2 分钟以上，连续 3 次启动不成功，应找原因，排除故障后再行启动。

4. 柴油机转换汽油机启动。首先启动汽油机，待汽油机运转稳定后，关闭汽油箱开关，等汽油用尽，发动机转速开始下降时，转换压缩比，再供给柴油，改为柴油机工作。

发动机启动后，应将节气门开度适当减小，让发动机怠速运转 3～5 分钟至转速稳定后，再将节气门开度逐渐加大到中等节气门开度进行"暖车"，待发动机水温上升到 40℃ 才能起步，60℃ 以上才能负荷作业。注意不要猛踩加速踏板。

（三）几种不恰当的启动方式

1. 溜坡启动。拖拉机停于坡路上坡段，启动时挂高速挡，松制动的同时踏下离合器，拖拉机依其重力下滑，待溜车速度达到一定时，再松开离合器，加油并启动发动机。溜坡启动主要有以下危害：第一，拖拉机启动着火后，用高速挡、大节气门，速度高，难于控制，如遇突发事件，易发事故。第二，拖拉机高速下滑，猛接离合器，易使传动系机件损坏。第三，较长时间的停车，尤其在寒冷的气候条件下，活塞—连杆—曲轴各运动面的润滑油已大多流回油底壳，溜坡的高速转动将造成这些零部件的加剧磨损。

2. 车拉启动。一般用拖拉机或农用车，甚至有时还用牲畜牵引启动。车拉启动时，为便于着火，要求牵引车用低挡，启动牢挂高挡。车拉启动的危害：一是启动车一旦着火，速度很高，容易与牵引车或周围车、人发生碰撞。二是启动过程中，多次猛烈接合离合器，容易造成相关零部件的严重磨损。三是如较长时间拉车不着火，造成大量柴油喷入气缸而未燃烧，结果冲刷了缸塞之间的润滑油膜，将增大磨损，同时柴油流入油底壳后又稀释了机油，降低了润滑性能。

3. 明火启动。 寒冷的冬天用明火烤油底壳、燃油箱、变速箱等，以提高机油、燃油和发动机机体的温度，达到便于启动的目的。明火启动的主要危害是容易引发火灾，其后果是不堪设想的。其次，急火加热机油，易使其变质。再次，明火容易烤坏漆层和电线。明火烤车已引起很多次火灾事故，必须严禁。

4. 加油启动。 从进气管处加机油或汽油进行启动。加机油的目的是提高缸塞的密封性，但会带来活塞环胶结的危害，最后反而降低了缸塞的密封性。加汽油的目的是利用汽油的易燃性而"助燃"启动。但加注汽油后，造成着火后工作不平稳，甚至引起危险的"飞车"事故。

5. 吸火启动。 一般常将空气滤清器去掉，在进气管处点燃蘸有柴油的棉纱，让发动机吸入带火的空气。由于吸入的是未经过滤的带火空气和燃烧物，因此会加速进气系统和缸塞的磨损，并促进燃烧室的积炭。

6. 无水启动。 启动后再加注冷却水。由于无水启动后，发动机升温较快，骤加冷水，极易使缸盖、机体产生裂纹。

■ 拖拉机的起步

（一）一般情况下的起步

拖拉机起步前要检查周围和农具上下有无人员和障碍，并发出信号后再起步。一般按以下步骤起步：

第一步：松开制动踏板或手制动器的锁定机构，使其回位。

第二步：踏离合器踏板，使其分离。

第三步：根据实际情况选定起步挡位，但不准高挡起步。如有主、副变速挡的应先挂副变速挡，再挂主变速挡。

第四步：缓慢放松离合器踏板，同时逐渐加大节气门开度，使离合器柔和接合，即可平稳起步。

⚠️ **温馨提示**

拖拉机起步时的注意事项

（1）忌猛抬离合器踏板。

（2）行驶中脚不要踏在离合器踏板上，以免造成离合器打滑，摩擦片磨损。

（二）特殊情况下的起步

1. 上坡起步。应先踩制动或拉紧手制动，分离离合器，挂低速挡，加大节气门开度，缓慢接合离合器，当离合器似接合而未全部接合时，慢慢松开制动器，同时适当增加供油，拖拉机、农用车将缓慢起步。注意起步过程中离合器、节气门、制动配合要恰当，做到平稳起步。

2. 下坡起步。应先踩制动或拉手制动，分离离合器，挂低挡，接合离合器的同时松开制动，并适当供油，拖拉机缓慢起步。不要溜坡起步，更不许空挡滑行。

3. 泥泞路、冰雪路起步。泥泞路、冰雪路的特点是路滑，附着系数很小，因此宜用较低挡起步。如轮胎前面有积雪、积泥，则应先清除后，并适当撒上炉渣、砂土再行起步。

4. 履带拖拉机陷车后的起步。履带拖拉机陷车后应挖去履带前和油底壳前堆积的泥土，然后分离离合器，挂较低挡，再分离转向离合器，即将两根操纵杆向后拉到底，再接合主离合器，适当加油，缓慢接合转向离合器，履带拖拉机即可实现起步。

5. 翻地作业中的起步。翻地作业中因犁体已入土，起步前应挂倒挡，机组倒退适当距离或随着机组倒退将犁体升起，再恢复正常作业。切忌原地升犁或原地起步。

6. 旋耕作业中的起步。 旋耕机组进入作业区后，应先将旋耕机下降至接近地面，然后接合动力输出轴，运转正常后再挂挡起步（半独立式动力输出轴）。与此同时，操作液压手柄（对半分置式、整体式液压装置应用位调节手柄），使旋耕机逐步入土，随之加大节气门开度，直到正常耕深。禁止在起步前使旋耕机入土或起步后猛然入土。采用非独立式输出轴的拖拉机或手扶拖拉机，应于起步行进后逐步使旋耕机入土，但也不能入土过晚。

拖拉机的转向

（一）轮式拖拉机的转向

转向前应注意"减速、鸣号、靠右行"。当拖拉机驶过弯道、机头接近新的方向时，再将转向盘及时回正。转向盘回正的速度与角度，应根据转弯的形式和路面的情况确定，一般转大弯、缓弯，转向盘应慢转，少转，少回正；转小弯、急弯，转向盘应快转，多转，多回正。转弯时，由于前、后轮的轮迹不重叠，后轮轮迹偏向内侧，即出现"内轮差"的现象，因此，转弯时不要太靠近内侧，以免内侧后轮越出路外或碰上障碍物。由于转弯时产生的离心力与车速平方成正比，为避免侧滑和翻车事故出现，严禁高速急转弯。当拖拉机牵引农机具转弯时，农机具行走的轨迹更靠近内侧，操作更须小心。地头转弯，必须在农机具工作部件出土后再进行，否则会损坏机具。

（二）手扶拖拉机的转向

手扶拖拉机常采用牙嵌式转向离合器，通过切断一侧驱动轮的动力来实现转向。这种转向机构结构简单，在农田作业或低速行驶时，转向半径很小，操作方便。但带挂车且以较高速度行驶时就带来以下问题：①靠突然切断一侧驱动轮的动力实现转向，其转向带有突发性，造成转向角度大小难以控制，并与驾驶员的体力和技术有关。②

路面情况，如坡度大小、路中障碍等对转向效果都有很大影响。③手扶拖拉机带挂车载重行驶时，由于挂车和载货的质量往往大大超过手扶拖拉机的质量，因此，转向时必然受其影响，比转向盘式更难操作，更需要熟练的技术、良好的体力和机智。

手扶拖拉机在不同情况下转向操作技术如下：

1. 平地行驶。①小角度转向，一般不必捏转向手柄，直接推动扶手即可，这样转向安全可靠、易于掌握。②急转弯时，务必放松加速踏板，降低车速，并考虑挂车载重所带来的推力。必要时使用脚制动，降低车速，然后捏紧所需转向一侧的手柄，即可实现转向；也可以分离离合器或挂空挡，捏紧待转向一侧的手柄，靠推动扶手把来实现转向。急转弯或速度较高时，切忌在车速降低之前，立即捏转向手柄。

2. 上坡行驶。上坡转向，使用转向手柄转向的效果比平地转向明显得多，所以更应小心谨慎。上坡时一般车速较低，多采用间断捏转向手柄加上推动扶手把的方法来实现转向。

上下坡时禁止同时捏死两侧转向手柄。因为上坡时会失去动力，导致向下坡方向的倒溜；下坡时，会造成极危险的空挡溜坡。如在溜坡时突然放松转向手柄，高速时容易造成翻车的危险，并且驱动轮、变速器轴承、齿轮还会受到严重的冲击而损坏。

手扶拖拉机带挂车倒退转向时，操作转向手柄的方法应与前进时相反，即向左转向应捏右辖向手柄。最好不要捏死一侧转向手柄，以免失去一侧驱动轮的动力，这样在泥泞路面或重车情况下，挂车转弯倒退就更困难。

3. 下坡转向与"反转向"。手扶拖拉机下坡时，由于重力和惯性力有可能成为拖拉机下坡的动力，此时，若操作某一边转向手柄，该边轮胎由于失去发动机驱动力在重力作用下会滚动得更快，导致反向转弯，即捏左边转向手柄，拖拉机向右边转，捏右边转向手柄，拖拉机向左边转，这就是所谓的"反转向"。由于受到坡度大小、道路好坏、车速高低、弯道缓急等因素的影响，进行反向操作的难度很大，不易判断，若判断失误，则后果严重。因此，首先要掌握判断下坡时是发动机动力起驱动作用还是机组重力和惯性力起驱动作用，如发动机动力起驱动作用，则转向手柄应反向操作。

手扶拖拉机下坡时的转向操作方法：

（1）在坡度平缓、坡道长而宽阔的路面上下坡时，可采用间断脚制动减速并配合推动扶手把来实现小角度的转向。

（2）在坡度大、道路高低不平、急转弯多地段行驶时，应采取减小节气门开度、脚踏制动板、降低车速方法使发动机的动力始终起驱动作用，手捏转弯一方的转向手柄，同时推动扶手把来实现转向。下坡转向的关键是先减速，尽可能不用"反向操作"的方法。

（3）手扶拖拉机的"反向操作"：手扶拖拉机下陡坡或重载下坡时，由于重力的影响，会越跑越快。当驱动轮的转速超过了发动机传给它的转速时，即出现所谓的"反驱动"现象。也就是该机组的重力及惯性力成为驱动力，而发动机输出的动力，变成了阻止驱动轮旋转的制动力。此时，手扶拖拉机转向时，必须采用"反向操作"，即向右转时，捏左转向手柄；向左转时，捏右边的转向手柄。

判断手扶拖拉机下坡时是否已发生"反驱动"的方法如下：①看三角皮带。出现"反驱动"时，三角传动皮带的上部由紧边变成松边，三角皮带有明显的颤动状况。②听声音变化。出现"反驱动"时，发动机声音明显减小（因负荷减轻），由沉重转为轻快，变速器里的传动齿轮也发出轻负荷的声音。③凭人体感觉。出现"反驱动"时，会感觉到挂车顶着拖拉机跑，扶手架有上翘的趋势。

手扶拖拉机下坡时，应通过制动、减小节气门开度来降低拖拉机速度，尽量避免出现"反驱动"现象，而不用"反向操作"。带尾轮的手扶拖拉机，在坡道上最好只用尾轮转向，因为用尾轮转向就不存在"反向操作"问题。

（三）履带拖拉机的转向

履带拖拉机利用转向离合器实现转向，转大弯时，分离同侧转向离合器，即向左转，拉左操纵杆；转小弯、急弯时，分离同侧转向离合器的同时，踩下同一侧的制动踏板，其踏板力的大小与弯道相适应，即小弯力大。

小常识

拖拉机转向注意事项

（1）转弯时应遵守"减速、鸣号、靠右行"的原则。

（2）尽量避免急转弯。遇急转弯时，应提前减速，在视线清楚又不妨碍对方来车行驶的前提下，可以加大转弯半径。

（3）转动转向盘时不可用力过猛，停车后不可原地转动转向盘，以免损坏转向机件。行驶中除有时必须一手操作其他装置外，不得用单手操纵转向盘或两手集中一处掌握转向盘。

（4）转大弯、缓弯时，转向盘应慢转、少转、少回正；转小弯、急弯时，转向盘应快转、多转、多回正。

（5）严禁高速急转弯。

■ 拖拉机的制动

（一）制动方法

拖拉机的制动可以根据不同的分类原则进行分类。如：按是否使用车轮制动器制动，可分为发动机制动和制动器制动；按制动性质可分为预见性制动和紧急制动；按制动的目的，可分为减速制动、惯性制动、驻车制动和持续制动。

1. 制动器制动。 减速，变速杆置空挡，待拖拉机滑行到预定停车位置附近时踩制动踏板，拖拉机平稳停位。

2. 发动机制动。 只能在挂挡并接合离合器的情况下使用，在车速较高时，迅速抬起加速踏板，发动机实际转速超过了节气门位置相应的空转转速或停供转速，喷油泵将只供很少或完全停供柴油，发动机不再输出动力甚至自动熄火，利用气缸的压缩力对驱动轮制动。制动的能力与传动比有关，低挡时制动效果比高挡大。一般情况下，用发动机制动只能把车速降低到一定的限度，因为发动机转速一旦降到相应节气门位置的空转转速，喷油泵自动恢复供油而发动机开始输出动力，制动作用就要消失。如果需要把发动机的制动能力保持作用到停车，就应当拉出停供拉杆，使喷油泵不能恢复供油。

3. 预见性制动。驾驶员根据行驶或作业的情况，提前发现和预见性判断，做到有准备地减速与停车。方法是：先减小油门，用发动机制动作用进一步减速，加上断续踏制动踏板减速。有时也可以将变速杆置于空挡，拖拉机滑行，必要时加以制动。这种方法不仅能保证安全作业，而且可以减少磨损。

4. 紧急制动。握住转向盘，迅速减小节气门开度，同时踩下制动踏板和离合器踏板。这种制动方式容易损坏零件，非紧急情况下不宜采用。拖拉机下陡坡高速行驶时，严禁紧急制动，否则容易造成事故。

5. 联合制动。下陡坡或下长坡时，应挂低挡、小节气门，利用发动机制动，同时断续踩制动踏板，联合制动减速。

（二）制动与侧滑

轮式拖拉机，当高速行驶在滑溜路面上时，如果紧急制动，将出现危险的"后轴侧滑"现象，即拖拉机后桥朝横坡下坡方向侧滑，特别是拖拉机牵引挂车时，挂车滞后制动，拖拉机在受到挂车的冲力作用下，甚至可以造成拖拉机掉头而引起重大事故发生。为了预防后轴侧滑发生后的事故出现，当出现侧滑时，应立即停止制动，减小节气门开度，并把转向盘朝着后轴侧滑方向转动。当车辆位置调正后，再将转向盘转到正常路线的位置。因为停止制动，改变了车轮的抱死状态，使横向附着系数大大提高，从而提高了横向反力。二是减小节气门开度，以降低驱动力，提高横向反力。三是朝侧滑方向转动转向盘，以增大车辆的转向半径，达到降低离心力、减少侧滑的能力。

（三）制动效果的影响因素

无论采用哪一种制动方法，制动效果都要受到地面与轮胎间的最大附着力的限制，并与以下因素有关。

1. 制动的初速度。在一定道路情况下，制动的初速度越高，其制动的距离也就越长。

2. 道路的状况。主要与道路的附着系数有关，当制动初速度相同时，附着系数越大，制动距离就越短。如碎石路的附着系数为0.55、压实积雪路为0.15。在同样的制动初速度，碎石路制动的效果好，制动距离短。

3. 拖拉机质量越大，制动效果越好。由于道路附着系数较好，拖拉机增加配重后，将增大滚动阻力，故一般不带配重行驶。

4. 与牵引的挂车制动效果和装载有关。挂车制动效果，包括挂车与主车制动的时间差、挂车自身制动的效果。最好主、挂车同时制动，或挂车稍先主车制动，当主车先制动时，挂车的冲击力将严重威胁主车的安全，甚至将主车冲翻而引起事故。挂车装载质量越大，其机组制动效果越差。

小常识

拖拉机制动注意事项

（1）必须经常保持制动器作用正常、可靠，两侧制动器的制动效果一致。

（2）拖拉机作业途中转移或运输作业时，应事先将左右制动器的踏板联锁。否则错误地使用单边制动，会使拖拉机产生突然转向或倾翻，引起重大事故。

（3）非紧急情况下不要使用紧急制动。

（4）滑溜路面严禁高速行驶，并不得紧急制动。

■ 拖拉机的换挡

当作业负荷和路况发生变化后，可通过节气门大小和变挡来适应变化了的情况，大范围的变速，需换挡。挡位越低，速度越慢，扭矩和牵引力越大，反之，挡位越高，速度越快，扭矩和牵引力越小。及时、准确、迅速地换挡，对提高拖拉机作业效率、降低油耗、延长使用寿命有较大的关系。

拖拉机田间作业时，应停车换挡。运输作业时，可以不停车换挡。换挡时，必须掌握好时机，做到不打齿，不硬板变速杆，准确、迅速地换入需要的挡位。变挡时，要掌握好时机，做到要啮合的一对齿轮的线速度很接近，实现同步接触、平顺啮合，就可以避免打啮现象。为了达到这一目的，通常采用"两脚离合器"换挡的方法，即通过两次踏下离合器，用加大或减小油门的方法，使即将啮合的一对齿轮的线速度很接近，从而实现同步接触，平顺接合，稳妥换挡。

一般不停车换挡的方法如下：

低挡换高挡时，将要参与啮合的一对齿轮中，从动齿轮的线速度比主动齿轮的线速度低。为了使两者线速度近似相等，需事先加大节气门开度，使从动齿轮的转速适当提高，然后分离离合器并减小节气门开度，将变速杆推入空挡，稍为停顿一下，待主动齿轮的转速适当降低后，再及时换入高挡，最后接合离合器以新的速度行驶。

高挡换低挡时，情况正好相反，将要参与啮合的一对齿轮中，从动齿轮的线速度比主动齿轮的速度高。为了使两者的线速度近似相等，可以事先减小节气门开度，使从动齿轮的转速适当降低，然后分离离合器，将变速杆拨入空挡，随即接合离合器并踩一脚加速踏板，使主动齿轮的转速适当提高。之后，再次分离离合器，及时换入低挡，最后接合离合器，以新的速度行驶。这就是熟练驾驶员的两脚离合器无声换挡法。

拖拉机在上、下坡时应事先换入低速挡，不要在坡道中途换挡，以防止操作失误时，发生"溜坡"事故。

■ 加速踏板的使用

加速踏板的作用是控制喷油泵柱塞供油行程，以调节喷油量的大小。操纵轮式拖拉机加速踏板时，应以右脚跟作为支点，脚掌轻踏加速踏板上，用脚关节的伸屈动作踏下或放松加速踏板。踏、松加速踏板时，用力要柔和，徐徐动作，不宜过急，做到"轻踏、缓抬"，不得用力过猛或忽轻忽重。操纵履带拖拉机或手扶拖拉机节气门时，经凹凸地、砾石路，尤其是过铁路道口时不得用手控制节气门，以免机身抖动造成发动机熄火。当负荷较轻、条件允许时可使用"高挡节气门"的办法，以降低油耗。一般在以下情况下使用：①拖拉机与农机具动力配套不匹配，或农用车负载较轻，"大马拉小车"，同时作业速度又受到限制。②农田作业时，地面附着性能较差，限制了拖拉机牵引性能的发挥，致使拖拉机的最低挡位与最高挡位时所能发挥的牵引力数值相同，这时如果对作业速度有一定限制也可以采用。

■ 离合器的使用

离合器的使用，应注意以下事项：

（1）分离离合器时，动作要迅速、干脆、彻底，避免出现半接合状态，造成摩擦片磨损。

（2）接合离合器时，动作要缓慢、柔和、连续，避免接合过猛，使机件受冲击损坏。

（3）分离离合器的时间不能过长，更不能用分离离合器的办法长时间停车。长时间停车，应换空挡。

（4）行驶中不准将脚踏在离合器踏板上，更不准用离合器半接合状态来降低车速。

（5）不得用猛接离合器的办法起步、越过困难地带。

（6）下长坡时不准分离离合器，溜坡行驶。

（7）具有双作用离合器的拖拉机，必须在离合器彻底分离后，再接合或分离动力输出轴。

◼ 差速锁的使用

差速锁工作时将两侧半轴联成一体，让两侧驱动轮以相同的速度一起转动，使差速器失去作用，防止一侧驱动轮打滑。但是差速锁只能在一侧驱动轮打滑时临时使用，并应注意以下事项：①先分离离合器，停车后再接合差速锁，避免行驶中接合，否则将造成机件损坏。②差速锁接合后，应避免转向，否则会因转向困难而造成事故。③驶出打滑地段后，应放松差速锁踏板或手柄，恢复到原来的位置，使差速器能正常作用。

小四轮拖拉机一般没有差速锁。当遇到一侧轮胎因地面泥泞、附着力很小而严重打滑时，驱动轮转速成倍增加。而另一侧虽然地面条件较好，但驱动力发挥不出来，轮胎原地不动，造成陷车现象时，可采用单边制动转速较高的驱动轮，使其滑转的转速降下来，让路面条件较好的另一侧车轮转动，利用其较好的附着条件推动拖拉机前进，越过陷车区。

◼ 液压悬挂的使用

正确地使用与维护液压系统可以延长其使用寿命。为此，应注意下列事项：

（1）要经常保持液压系统清洁，按时检查油面，不足时应及时添加，加油时要用专用的滤网过滤，还应按维护规程定期更换油液。添加的液压油一定要符合规定，如果油的黏度太大，流动性就差，油泵会产生吸空现象；油的黏度太小，系统漏损就会增加，降低提升能力。

（2）农机具挂结要牢固可靠，上下拉杆和农具有连接以后，一定要用锁销将其锁住，以防脱落而损坏机具。

（3）操纵分配器手柄时，要轻击快推，不应停在各位置的过渡间隔内，否则会堵死油路，使系统油压反常增加，导致安全阀开启，使系统发热，加速油泵磨损。

（4）拖拉机悬挂农具运输作业时，应将操纵手柄置于提升位置，待农具上升至最高位置时，向上扳动提升臂锁紧轴手柄，将提升臂锁死，随后将操纵手柄扳到中立位置，以便运输作业。需要下降农具时，可先将操纵手柄置于提升位置，然后向下扳动锁紧轴手柄，再将操纵于柄置于下降位置，农具即可下降。

（5）挂接农具时，应置操纵手柄于下降位置，使油缸处在"浮动"状态，这样可用手上、下扳动下拉杆，以便对准挂接点。拖拉机长时间停放时应使农具落地。

（6）耕作中地头转弯时，一定要先提犁，后转向，防止悬挂杆件及限位链损坏。

（7）长期运输作业时，应将液压油泵拆下或将油泵离合手柄置于分离位置，以免油泵磨损，并减少发动机功率消耗。

（8）操纵手柄不能定位或不能自动回位时，应及时排除，不可带病继续使用。

（9）启动发动机前，应将操纵手柄置于中立位置。

■ 轮胎的使用

轮胎是拖拉机最贵的易损零件，占整车修理费用的30%以上，使用不当将造成加速磨损，既明显降低经济效益，又隐藏不安全的因素。因此，应正确使用、维护轮胎，并注意以下事项：

装配轮胎时，要细心检查内外胎之间有无沙粒、杂物、尘土等，并在外胎内部洒少许滑石粉，防止在运转中磨破内胎和损坏外胎的里层。还要注意拖拉机外胎的花纹方向不要装反。

新装轮胎充气时，应边充气边用手锤敲打外胎，充气至规定气压后还应放掉一半气，再重新充气，以使内胎正常膨胀和清除折皱。

轮胎充气压力应符合标准。一般充气的原则是：公路运输高一些，田间作业低一些；冬季高一些，夏季低一些；承载重时高一些，承载轻时低一些；两侧轮胎充气压力差不大于19.6千帕。

调整好前轮前束。因为前轮前束对轮胎的磨损影响较大，若前束过大，则加快前轮磨损，且转向沉重，前束过小则转向不稳，因此，要定期检查前轮前束，使之在规定的范围之内。

正确操作，起步、换挡、踏松离合器时应平稳，尽量不打死转向盘，少急刹车，不高速急转弯，尽量不用车拉启动，以减少轮胎与地面之间的滑动摩擦，延长轮胎的使用寿命。

拖拉机运输作业时最好换用胎面花纹磨低的半旧轮胎，这样既可减少滚动阻力，又可减少轮胎的磨损。水田作业时，宜用高花纹轮胎或水田专用胎。更换轮胎时，两侧轮胎的新旧程度应相近，以免造成拖拉机的跑偏。

根据气候变化控制胎温。轮胎温度不宜太高，胎面温度升高，磨损加剧，橡胶层容易老化、龟裂，严重时导致爆胎。因此，夏天行车中应注意检查胎面温度，用手背触摸胎体感到烫手，说明胎温过高，应降速行驶或将车停在阴凉处降温，但绝对不能泼水降温，以免胎体橡胶急剧收缩，橡胶与骨架帘线分离、脱层，降低轮胎的使用寿命。

选好路行驶，在不平路面、碎石路面应减速，以减少对轮胎的刮伤和磨损。

为使轮胎磨损均匀，应进行轮胎的定期换位（拖拉机左右换位应前、后、左、右换位）。长期停车时，应将车顶起，但不要放气，以免内胎发生胶结等现象。

避免烈日长时间暴晒，注意轮胎清洁，严禁油垢沾污轮胎。

装载应均匀，严禁超载。超载容易引起爆胎事故，并大大缩短轮胎的使用寿命。

轮胎存放时，应把内、外胎分开单独存放。外胎立放，内胎充满气挂起来存放。存放地点应阴凉干燥，没有腐蚀性气体及腐蚀物质。

加强对轮胎的检查、维护。如及时消除轮胎表面的油垢，紧固松动的螺母，撬出嵌入花纹槽中的石子。定期检查轮胎有无气鼓、脱层、裂伤和变形等现象，内胎有无咬伤、折叠，气门嘴有无损坏，轮辋有无变形，车轮轴承有无松动磨损，并针对发现的问题进行维护、修理。

油料的安全使用

（一）注意防火

油料，尤其是汽油挥发性强，遇明火或高温物体容易燃烧，失火扑救比较困难，因此，必须特别注意防火。①加油时发动机应熄火，并严禁烟火，如吸烟、明火照明等。②冬季严禁明火烤车、烤油桶。③开启桶盖时，不用金属工具敲击，以免产生火花，引起火灾。④焊修贮油工具前，必须倒净残油，认真清洗干净。焊修时将口盖打开，避免发生爆炸。⑤脏、残、废油料不得随意乱倒，应集中保管、处理。⑥油料应贮存在通风、阴凉处，不得在阳光下暴晒。贮油点应设置有灭火器。⑦严禁使用塑料桶随车贮存汽油或装运汽油。⑧脱粒、收割作业等，排气管应安装灭火罩。

（二）防止中毒

不用嘴吸吮油料。不用汽油、柴油洗手，应用肥皂、洗衣粉洗手。注意贮存油料地方通风，避免人体吸入后引起中毒。

（三）防止油桶爆炸

油桶贮油不得过满，应留有一定的膨胀容积（如留10%～15%）。

> **！温馨提示**
>
> 油料使用过程中，万一发生火灾，不得用水扑救，应用泡沫灭火器或沙土埋盖。

拖拉机夏季的安全使用

南方夏季炎热、多雨，驾驶员易疲劳，机体易出现过热，轮胎易"爆胎"，甚至出现制动失灵等问题，给安全作业带来不利的影响。因此，应注意以下事项：

（一）防止机体过热

入夏前应加强对冷却系的检查、维护，及时清除水箱、水套中的水垢，保证冷却水循环畅通；认真检查节温器、水泵和风扇的工作性能，注意调整风扇皮带的张紧度，清除散热器芯片之间的杂物。使用中注意及时添加干净的冷却水，不得使用硬水，防止机体过热；更不得在发动机过热或熄火时骤加冷水，应在阴凉处停车、怠速，打开发动机罩逐渐降温后，添加冷却水。

（二）防止轮胎爆裂

气温高的季节应适当降低胎压。尽量避免在高温下长时间作业。如发现胎压过高时，应及时将车辆停于阴凉处休息降温，切勿采用泼冷水降温的方法，否则易使胎层产生裂纹，并不得采用放气方法降温降压，否则胎温、胎压还会继续上升。

（三）防止制动失效

制动液在高温环境下容易蒸发汽化，并在管道中形成"气阻"现象，制动蹄片也较容易烧蚀。因此，夏季炎热气温下可能引起制动失灵。所以，入夏时对安装液压制动系统的拖拉机、挂车等，应及时检修、添加或更换制动液，彻底排净液压制动系统中的空气，保证制动皮碗、油管、蹄片的完好。行驶中经常检查制动踏板的高度，如出现变化须及时调整；行驶中如发现制动踏板"变软"时，应及时排气；如发现制动鼓发烫、过热，应停车降温，不得泼冷水，以免制动鼓破裂。

（四）防止蓄电池损坏

夏季气温高，电解液中的水分蒸发快，容易使液面降低，造成蓄电池的早期损坏。因此，应经常检查电解液面高度（一般为 10～15 毫米），及时补充蒸馏水；同时在夏季还必须按规定降低所用的电解液密度（夏季一般不大于 1.24 克/厘米^3），并保持蓄电池经常处于良好的充电状态。

（五）防润滑不良

夏季高温时，机油黏度下降、抗氧化性变差，易造成润滑不良。

因此，夏季应及时换用高牌号的机油，保持正常的机油平面，及时清洗维护机油粗、细滤清器和机油散热器，以保证机油畅通、散热良好。

（六）防疲劳瞌睡

夏季作业容易疲劳瞌睡，因此，作业前要注意休息，保持充足的睡眠，避免中午炎热时间作业。若作业中瞌睡时，如打哈欠、手足无力等，应停车休息，或用冷水洗头、洗脸，或活动四肢，或味觉刺激，待头脑清醒后再继续作业。

（七）防高热中暑

为防中暑，作业前和作业后应多饮清凉饮料、多食新鲜蔬菜，并注意补充盐分，少食辛辣油腻食物。注意随车携带水壶、防暑药物等，保持驾驶室通风良好，作业过程中适时休息，如出现头晕、恶心、无力等中暑症状时，应立即停车休息，待身体恢复正常后，方可继续作业。

■ 拖拉机冬季的安全使用

北方寒冷的冬季，工作条件十分恶劣。冬季使用不但要加强维护保养，而且在严寒季节到来之前，还要做好各种防寒的准备工作，做好防冻、防火、防滑工作显得更重要。

入冬前，拖拉机要提前进行一次高号维护，并做好保温和防寒的准备工作。

使用带有油浴式的空气滤清器的拖拉机，应对油盘中的机油进行稀释，可加入 1/3 的柴油。

启动前应对发动机等部分预热升温，如采取热水预热、机油预热、蒸汽预热，使用启动液等方法，严禁明火烤车。

启动后应对发动机进行"暖车"，忌用猛踩加速踏板的方法给发动机升温。待水温升至 40℃ 以上方能起步，60℃ 以上才能投入负荷作业，经常保持正常的工作水温在 75～95℃。

为防止蓄电池受冻，可适当提高电解液的相对密度（如在1.23～1.31），并注意每半月检查一次蓄电池的放电情况，当相对密度下降到1.21以下时，应立即进行补充充电。

定期放出燃油箱中的水和沉淀物，尽量班后加油，避免燃油冻结和堵塞管道。

临时停车时，应尽量考虑车头朝阳避风，并根据气候寒冷程度和停车时发动机水温的情况，适时启动发动机，以免发生冻坏零部件的事故。

尽量入库停车。露天停车应选择避风、向阳地段，待水温70℃左右时将水放入专用水桶，供下次启动使用。水放净后，还应摇转曲轴几圈，并挂上"已放水"木牌，养成"水不放尽，人不离车"的好习惯。

冬季天冷、路滑，拖拉机行驶应做到"八不准"：①不准高速行驶。②不准急转弯。③不准紧急制动。④不准在下坡时换挡。⑤不准与同方向行驶的车辆相距太近。⑥不准超载行驶。⑦转向盘不准急打、急回，应少打少回，慢打慢回。⑧不准加油过猛，收油过快。

冬季行驶要充分利用发动机制动方法制动。行驶时尽量随其他车辆的已有车辙行驶。遇侧滑、跑偏、甩尾时要冷静，不可惊慌失措。根据气候与路况，考虑给轮胎套防滑链，并随车携带工具，以备滑车、陷车之用。

▉ 驾驶员应克服的不良操作习惯

（一）关闭手油门行车

有些驾驶员为节油，关闭手油门，用脚油门控制车速。这样，当松开脚油门并紧急制动时，极易造成发动机熄火。熄火后再启动往往会贻误紧急避险时机；同时，若停车位置不当，还会给再次启动操作带来困难。正确的做法应该是将手油门固定在小油门位置，保证停车时不熄火即可。

（二）半联动减速

一些驾驶员行车中，通过复杂路段或转弯、会车和让车时，嫌换挡麻烦，就采用半踏离合器的方法减速。这样做有两个坏处：一是车速不易控制；二是加剧离合器摩擦片的磨损，摩擦片发热后产生烧蚀和硬化；在高温下压盘挠曲变形，弹簧退火变软，从而造成离合器打滑。

（三）猛蹬离合器

当离合器分离不清时，一些驾驶员不去查找原因并排出故障，而是凑合使用。在换挡或停车时，用脚猛蹬离合器踏板。这样做会使离合器传动件及分离杠杆承受过大的冲击载荷，极易折断分离杠杆。

（四）用副变速直接换挡

有些拖拉机驾驶员在行车中，担心用主变速挂错挡，就用副变速直接换挡。由于副变速高，低速挡的速差很大，若离合器和加速踏板配合不好，极易造成换挡打齿或挂不上；同时副变速无空挡定位装置，摘挡后因拨叉轴的窜动也会造成打齿现象。

（五）拍挡

一些驾驶员在换挡时漫不经心，不是用手心去握变速杆手柄，而是用手掌拍挡，这样做容易挂错挡，也容易造成换挡打齿，同时拍挡后因齿轮啮合深度不足，会造成啮合齿轮的早期磨损和自动跳挡。

（六）回转向时松手

有些驾驶员在转向后，就两手松开转向盘，利用转向系的自动回正作用来回正行驶方向。这样做是很不安全的，万一遇着险情往往来不及处理。

（七）上坡曲线行驶

有些拖拉机驾驶员在满载货物上坡时，未及时换入低速挡，致使发动机严重超负荷。为避免发动机熄火，就采用曲线行驶的办法试图上坡，这样是很不安全的，不仅侵占了他车车道，而且在坡道重力分力的作用下，极易产生侧翻事故。

（八）接合差速锁时转向

当拖拉机陷入泥坑、单边驱动轮打滑不能前进时，采用接合差速锁的办法常能使拖拉机驶出滑陷区。但有些驾驶员在接合差速锁后，仍强行转动转向盘来选择路面。由于接合差速锁后，两驱动轮同步转动（刚性地连成一体），若再转动转向盘，将会造成前轮的滑移和扭坏差速锁。

（九）突变加速踏板

加速踏板的操作应该是轻踏缓抬，但有些驾驶员不是这样，经常猛踩加速踏板或猛收加速踏板。猛踩加速踏板时，过量的燃油燃烧不完全，会增加燃烧室及喷油嘴的积炭和有关配合件的磨损；猛收加速踏板时，怠速运转的发动机会消耗掉车辆的惯性动能（发动机制动除外），这些都会增加油料消耗，是不经济的。

（十）爱戴深色眼镜

南方夏季、北方冬天当阳光刺眼时，有的驾驶员为了避免阳光直射，喜欢开车时戴一副阳光墨镜，如戴深色墨镜就不恰当。因为戴过深的墨镜，将会延长驾驶员的反应时间。如机动车以每小时 80 千米的速度行驶时，戴过深的墨镜将使驾驶员的反应时间延迟 0.1 秒，制动距离增加 2.5 米。所以，驾驶拖拉机时，应戴颜色清淡的变色镜为宜，不要戴颜色过深的墨镜。

此外，如溜坡启动、猛松离合器、行车中脚放在离合器制动踏板上、不摘挡停车、空挡熄火溜坡、冬季低温起步、熄火前加空油、高温下立即熄火放水等均属不正确操作方法。

新驾驶员应克服的不良操作习惯

（一）起步猛抬离合器

猛抬离合器会使拖拉机猛地向前一冲，这样会加剧离合器总成及其他传动件的磨损。

（二）眼睛看着变速杆换挡

加挡或减挡时，应一手有效地掌握转向盘，一手去扳动变速杆到需要的位置，两眼注视前方，切不可低头去看变速杆。

（三）换挡时扭肩

有的驾驶员换挡过程中不能保持身体平衡，全身紧张，扭肩，从而影响手的正常位置。扭肩对正确的操作转向盘也有影响，易使行驶方向偏移。驾驶员在操作时，眼睛应注视前方，身体保持端正，上身要放松。

（四）起步运行中把脚放在离合器踏板上

这种行为容易使离合器产生半联动状态，尤其是路面不平时更为明显，它会使离合器分离轴承和分离杠杆及摩擦片早期磨损，影响正常使用。

（五）握转向盘的姿势与位置不对

长时间一只手握转向盘或双手并在一起握住转向盘正中都不正确。正确的握法是：双手握转向盘，根据变速杆的位置确定左右手靠上还是靠下。如变速杆在右侧，握转向盘的位置为：右手处在相当于钟表三、四点的位置，左手处在九、十点的位置。如变速杆在左侧，握转向盘的位置为：左手处在七、八点的位置。

（六）不分路面好坏，一脚加速踏板踩到底

农用车运行中，一要正确选择路面，二要合理选择速度，三要正确应用加速踏板。一般选用适中的踏板位置为宜。人们常说："脚下留情"，道理就在于此。

（七）接近人、车才鸣喇叭

行车中发现前方有人或车辆，应提前鸣号，警告前方避让，若待临近才鸣号，车辆或行人来不及避让，有时行人还会因突然鸣号而受惊，反而酿成车祸。

（八）以开快车（轰油门）当喇叭

以开快车（轰油门）当信号让行人让路，由于猛踩加速踏板使排气声忽大忽小，不可避免地要冒浓烟，这样不只对车辆有害，还会污染环境，引起行人的不满。

（九）只图快跑、开心，忽视安全

拖拉机驾驶是一种特殊行业。绝大多数的拖拉机都行驶在混合公路上，路上既有车、有人，又有牲畜等。在这样一种复杂的道路上行驶，稍有马虎，随时都可能发生事故。绝不要以开快车而开心，应根据情况，宜快则快，宜慢则慢。

（十）作业中不注意观察后视镜

后视镜是帮助驾驶员了解和掌握后面来车情况，若行驶中不注意观察后视镜，低速车在前常常会压住高速车无法超车，有时引起双方不必要的争执。

（十一）拖拉机发生异响还坚持作业

驾驶中听到机车发出异常响声时，应立即停车，查明原因，予以排除，千万不要抱侥幸心理坚持运行，否则可能导致事故发生，造成

不应有的损失。

（十二）原地回轮

原地回轮也叫死拧转向盘，即在静止时操作转向，这样很容易使转向拉杆因受力过大而损坏。

此外，还有一些不良操作习惯，如：①先制动，后分离转向离合器。②停车前猛踩加速踏板。这样做很不好，一没必要，二浪费油料，三加速机件磨损。③停车后不制动。有些驾驶员，临时停车而不制动机车，往往造成机车自动滑行，发生意外事故。

3 联合收获机驾驶技术

由于农作物的种类繁多，因此相应的收获机械也有多种，如小麦收获机、水稻收获机、玉米收获机、大豆收获机、棉花收获机、马铃薯收获机等。下面以使用范围广的小麦、玉米联合收获机为例，介绍其构造、功能和驾驶技术。

> **⊙温馨提示**
>
> 如同拖拉机驾驶员要考取的拖拉机驾驶证一样，驾驶联合收割机也要先考取联合收割机驾驶证。根据《联合收割机及驾驶人安全监理规定》，符合联合收割机驾驶证申领条件的人，可以向户籍地或暂住地农机安全监理机构提出申请，经过考试合格并取得联合收割机驾驶证后，才能驾驶联合收割机。
>
> 同拖拉机需办理登记手续一样，联合收割机也要先经当地农机安全监理机构登记后，才能从事作业。

■ 小麦联合收获机

小麦联合收获机是在收割机、脱粒机基础上发展起来的一种联合作业机械，可以一次性完成收割、脱粒、分离、清选、输送、收集等作业，直接获得清选干净的粮食。由于联合收获机损失率低、收获效率高，大大缩短了小麦收获时间，降低了农民的劳动强度，为解放农村劳动力、增加农民收入创造了条件。小麦联合收获机已逐步取代了收割机和脱粒机，成为小麦生产过程中不可或缺的机械。

目前，我国小麦联合收割机主要有全喂入轮式自走式联合收割机、全喂入履带自走式联合收割机、与轮式拖拉机配套使用的全喂入悬挂式（背负式）联合收割机（含单动刀、双动刀）、半喂入履带自走式联合收割机、采用割前脱粒割台的掳穗式联合收割机、与手扶拖拉机配套使用的微型全喂入联合收割机等几种。其中全喂入轮式自走式和与轮式拖拉机配套使用的全喂入悬挂式联合收割机在我国小麦收获中应用最为广泛，为主要机型。

（一）小麦联合收获机的构造及功能

1. 悬挂式小麦联合收获机。 主要由割台、输送槽、脱粒清选装置及悬挂装置四大部分组成。割台在拖拉机的前方，输送槽在拖拉机的一侧，脱粒清选装置在拖拉机的后方。割台进行切割作业，输送槽把作物由割台送往脱粒清选装置，脱粒清选装置完成脱粒、分离、清选、装袋等工作。前、后悬挂架把割台和脱粒清选装置固定在拖拉机上。

4L－2.5型悬挂式小麦联合收割机（图3－12），以上海－50型拖拉机为动力，悬挂在拖拉机上，在田间作业时，利用分禾器把割区内外的作物分开，拨禾轮把进入左右分禾器间的作物拨向切割器，割刀切断作物的茎秆，割下的作物在自重、拖拉机行进速度和拨禾轮配合作用下倒向割台，由割台搅龙将其送往割台左侧输送槽入口处，在割台搅龙伸缩杆和输送槽耙齿的配合作用下，使作物经输送槽进入脱粒机体，在脱离滚筒、凹板筛和滚筒盖板内的导向板作用下，使作物做圆周运动和轴向移动，在运动过程中，受到钉齿的反复打击、梳刷和凹板筛上的揉搓而得到落粒，茎秆被排草轮排出机外，籽粒及颖壳等脱出物经凹板筛栅格孔和滑板均匀地撒在两圆筒筛的筛面上，在圆筒筛和风扇的联合作用下，进行清选。物料接触运动的前筛筛面后，部分籽粒和颖壳直接穿过筛孔，茎秆和未分离的籽粒在筛面的作用下向后移动或被抛起，在前后筛面的表面上形成一层蓬松的物料流，在运动中，又有部分籽粒和颖壳以及筛面上的轻杂物被吹出机外。

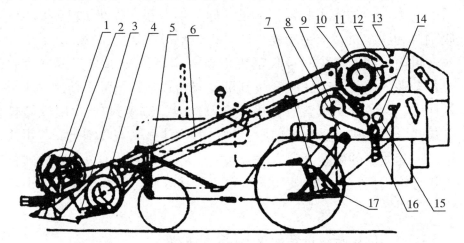

图 3-12　4L-2.5 型悬挂式小麦联合收割机的构造

1. 分禾器　2. 拨禾轮　3. 切割器　4. 割台搅龙　5. 前悬挂架　6. 输送槽

7. 后悬挂架　8. 动力传动轴　9. 风扇　10. 滚筒盐板　11. 脱粒滚筒　12. 凹板筛

13. 排草轮　14. 籽粒搅龙　15. 后筛　16. 前筛　17. 动力齿箱

2. 自走式小麦联合收获机。主要由以下几部分组成。

（1）发动机：行走和各部件工作所需的动力都由它供给。

（2）驾驶室（台）：有转向盘总成、离合器操纵杆、卸粮离合器操纵杆、行走离合器踏板、制动器踏板、拨禾轮升降手柄、无级变速油缸操纵手柄、油门踏板、变速杆、熄火油门手柄、喇叭按钮、综合开关总成及各种仪表等，供驾驶员操纵小麦联合收获机用。

（3）收割台：包括拨禾轮、切割器、割台搅龙、倾斜输送器等。

（4）脱粒部分：包括滚筒、凹版、复脱器等。

（5）清选部分：包括逐稿器、筛箱、风扇等

（6）储粮、卸粮装置：包括粮食推运、升运器、粮箱等。

（7）底盘：包括无级变速机构、行走离合器、变速箱、后桥等。

（8）液压系统：包括液压油泵、油缸、分配阀和油箱、滤清器、油管等。

（9）电气系统：这个系统负担着发动机的启动、夜间照明、信号

等，包括蓄电池、启动机、发电机、调节器、开关、仪表、传感装置、指示灯、照明灯、音响信号等。

新疆 4L - 2 型自走式小麦联合收获机（图 3 - 13），最大的特点是有板齿滚筒和纹杆轴流滚筒两个滚筒脱粒，脱离后的长茎秆由轴流滚筒左段的分离板直接排出机体外，没有逐稿器、逐稿轮分离排草的工作过程。

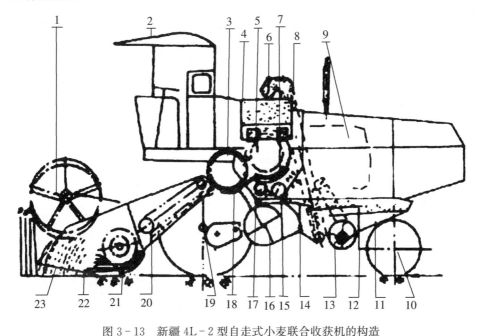

图 3 - 13　新疆 4L - 2 型自走式小麦联合收获机的构造

1. 拨禾轮　2. 驾驶台　3. 板齿滚筒　4. 小粮箱　5. 轴流滚筒　6. 卸粮搅龙

7. 轴流滚筒凹板　8. 籽粒升运器　9. 发动机　10. 后桥　11. 下筛　12. 上筛　13. 复脱

14. 小抖动板　15. 第二分配搅龙　16. 离心风扇　17. 第一分配搅龙　18. 板齿滚筒凹板

19. 前桥　20. 倾斜输送器　21. 喂入搅龙　22. 切割器　23. 分禾器

倾斜输送器将割下的作物先送入板齿滚筒落粒，而后被板齿向后抛入轴流滚筒。作物在轴流滚筒和上盖导向板作用下，从右向左螺旋运动，同时在纹杆和分离板作用下完成脱离和分离；长茎秆被滚筒左段分离板从排草口抛出机体外；籽粒、杂余、颖壳、碎茎秆等从轴流滚筒凹板分离出去。

从轴流滚筒凹板分离出的滚筒脱出物，由第一分配搅龙和第二分配搅龙推挤到清选室前的抛送板上，在抛送板作用下相继落到小抖动板上。脱出物在抖动板振动下，有前向后跳跃运动，在跳跃运动中，由于脱出物中的籽粒、杂余、颖壳、碎茎秆重量不同而分层。籽粒下沉，杂余、颖壳、碎茎秆上浮。当运动到尾部栅条时，籽粒、杂余颖壳小混合物从栅条缝处形成帘状下落，在离心风扇产生的气流作用下，经风选落入清选室；而碎茎秆被栅条托起进一步分离。

经风选的初分离物落入清选室后，在上筛、下筛和风扇气流共同作用下进行清选分离。从下筛孔落下的籽粒即为清洁的籽粒；混杂物被抛出机体；未脱净的杂余经下筛后段杂余筛孔落入杂余搅龙，被推送到右端复脱离器进行复脱，经复脱后抛回上筛和初分离物在一起，再次参加清选流程。从下筛孔落下的清洁籽粒，被籽粒搅龙右推，经籽粒升运器和卸粮搅龙送入小粮箱。卸粮时用粮箱卸粮搅龙往运输车上卸粮。

（二）安全驾驶常识

小麦联合收获机的驾驶人员应具有以下方面的安全常识：①必须接受安全教育，学习安全防护常识。要提醒参与收获作业的人员注意安全问题，要特别注意周围的儿童。驾驶人员要穿紧身衣裤，不允许穿肥大的衣裤，男士不得系领带，女士要戴工作帽。收获机不得载人。②遵守交通规则，听从交警的指挥，注意电线、树木等障碍物，注意桥梁的承重、沟壑的通过性。③驾驶员不得带病、疲劳驾车。④熟悉驾驶要领。⑤配备防火器具。收获机要配带灭火器，发动机烟筒上要配戴安全帽。⑥不得驾驶带有故障隐患的车。要保证制动器、转向器、照明大灯、转向灯、喇叭等部件没有故障。⑦要参加安全保险。⑧收获机不得与汽油、柴油、柴草存放在一起，不得把带电的导线绕缠在收获机上。

（三）道路驾驶技术

道路驾驶是指小麦联合收获机转移地块和跨区域收获作业长途转移时在路面上的行驶。

⚠ 温馨提示

小麦联合收获机道路驾驶前的注意事项

由于小麦联合收获机比较笨重，道路行驶又相对较快，极易造成悬挂等部位的变形、开焊和掉螺丝等不应有故障，自走式小麦联合收获机还会因液压承载过大，造成液压油路漏油，因此道路行驶前要做好以下工作。

（1）卸粮。为了减轻道路转移时收获机的重量，防止道路转移中漏损粮食，道路行驶前应把粮食全部卸净。具有粮箱的收获机还应把卸粮筒向后折放回原处。自流式卸粮装置，应把卸粮仓门关严，把卸粮簸箕折回非工作位置并固定。

（2）锁定割台。悬挂式小麦联合收获机的割台锁定，应首先提升到最高位置，把割台架主梁上的割台拉杆或 U 形悬挂环挂在前悬挂架的前上角上（滑轮上角），拉杆式悬挂部件应穿好螺栓并紧固。自走式小麦联合收获机，应提升割台到最高位置，把驾驶室下面的悬挂链的挂钩挂在倾斜输送槽上的相应孔眼中，或把槽钢支撑块扶起，对准空眼插入销子。各种类型的小麦联合收获机的割台悬挂方式稍有区别，总的来说，要保证割台被拉紧或撑起，使割台提升钢丝绳不受力（悬挂式），使支撑割台的悬挂油缸不受力。

（3）长途行进时，应把收获机的各悬挂受力部位重新检查和紧固一遍。

1. 车辆起步。一般选用Ⅰ挡起步，起步前要首先查看周围情况，确认安全后可按下述步骤操作：①松开手制动或使制动踏板复位。②将离合器踏板迅速踏到底。③操纵变速手柄挂入Ⅰ挡。④保持正确驾驶姿势，握稳方向盘。⑤松抬离合器踏板，并踏下加速踏板。

为保证启动平稳，松抬离合器踏板和踏下加速踏板的动作须配合默契。松抬离合器不可一下送到底，要掌握"快松—停顿—慢松—快松"的节奏。在松抬离合器至感觉到离合器刚刚结合时，加以"停顿"的同时，慢慢塌下加速踏板，使车辆平稳起步。离合器踏板松抬过快、加速踏板踏下过慢，会导致起步过猛、发动机转速过低而熄火；而离合器踏板松抬过慢、加送踏板踏下过快，则易造成摩擦片磨损增大、起步不稳和传动件受损等后果。因此，只有正确掌握离合器踏板与加速踏板的配合操作方法，才能使车辆平稳起步。

2. 换挡。车辆在行驶过程中，由于道路及交通情况的不断变化，需要变换不同的行驶速度，即需经常换挡变速。

（1）挡位的使用。车辆行驶中，如行驶阻力增大（如起步、上坡或道路情况不好等）时，应选用低速挡行驶；中速挡通常在车辆转弯、过桥、一般坡道、回车或情况稍差道路行驶时使用；高速挡在车辆行驶中较常用，主要是因为它燃烧消耗少，零部件磨损小，经济性能较好。因而在确保安全的前提下，道路行驶提倡使用高速挡。

（2）换挡的方法。①低速挡换高速挡。以Ⅰ挡换Ⅱ挡为例，首先需踏下加速踏板以提高车速，当车速适合换挡时，立即抬起加速踏板，同时踏下离合器踏板，将变速手柄移入空挡。此时，Ⅱ挡齿轮的线速度低于主动齿轮的线速度。为使Ⅱ挡齿轮的线速度提高一些，或使主动齿轮的线速度降低一些，使两者的线速度趋于一致，以便顺利啮合，避免打齿现象发生，此时须放松离合器踏板，让花键轴与发动机输出轴连接，降低主动齿轮的线速度，等两个即将啮合的齿轮圆周切线速度接近一致时，再次踏下离合器踏板，即可顺利换入Ⅱ挡。换入Ⅱ挡后，在缓抬离合器踏板的同时逐渐踏下加速踏板，待加速至适合换入Ⅲ速度时，再以上述方法换入Ⅲ挡。②高速挡换低速挡。其要点是将变速杆移入空挡后即抬起离合器踏板，踏下加速踏板，提高发动机转速，待两个即将啮合的齿轮线速度接近时，立即抬起加速踏板，再次踏下离合器踏板，便可将变速手柄顺利移入低一挡位置。然后缓抬离合器踏板，车辆即可以低一挡的速度行驶。待车速降至更低一级挡位速度时，再用上述操作方法换入更低一级挡位。

！温馨提示

小麦联合收获机换挡注意事项

（1）换挡时一手握稳方向盘，另一手轻握变速手柄，两眼注视前方，不要左顾右盼或低头看变速杆，以免分散注意力。

（2）变速一般应逐级进行，不能越级换挡。但在特殊情况下允许越级换挡。

（3）变换前进或后退方向时，必须在车辆停车后方可换挡。

3. 转弯。车辆在转弯时，驾驶员应集中精力，操作协调，并遵守减速、鸣号、靠右行的规则。

（1）左转弯。在宽敞平坦、视线良好的道路上左转弯，确认前方无来车的情况下，可以适当偏左侧行驶，这样可充分利用拱形路面的内侧，改善车辆弯道行驶的稳定性。

（2）右转弯。要注意等车辆驶入弯道后，再将车辆完全驶向右边，不宜过早靠右行驶，以免后轮偏出路面。

（3）小转弯。转小弯时，如果地面软滑或转向轮磨损严重，地面与转向轮附着力较小，会引起转向轮侧滑。此时应降低车速。

（4）急转弯。高速急转弯易发生车辆倾翻事故，所以急转弯时，应低速慢转。

总之，转弯时要正确判断路面宽窄和弯度大小，确定合适的转弯半径和行驶速度，以保证车辆安全平稳地通过弯道。

4. 制动和停车。车辆在行驶中，经常会受到道路及交通情况的限制，驾驶员根据具体情况使车辆减速或停车，以保证行车安全。减速与停车是依靠驾驶员操纵制动装置来实现的。操纵制动装置的正确与否，直接影响行车安全、油料消耗、轮胎磨损及制动机件的使用寿命。

正常情况下，可减速制动或"点刹"。"点刹"是指当车辆在行驶中需要降低车速时，首先抬起加速踏板，然后间歇地踏下制动踏板，以使行驶速度达到要求。

（1）制动。①预见性制动。制动前预先了解道路与交通情况的变化，提前做好准备，有目的地采取减速或停车的制动，称为预见性制动。方法是先抬起加速踏板（不踏下离合器踏板），利用发动机的降速来减速，然后再根据需要轻踏制动踏板，使车辆进一步降低行驶速度。当车速达到要求时，逐渐驶入道路右侧，踩离合器、摘挡，使车辆平稳地停住。这种方法不但能保证行车安全，而且还能节约燃料，避免机件损伤，应优先采用。②紧急制动。车辆在行驶中遇到紧急情况，驾驶员应迅速使用制动装置，在最短的距离内将车停住，避免事故发生，这种制动称为紧急制动。紧急制动是一种应急措施，它会对机件造成很大损伤，甚至酿成事故。因此，只有在不得已的情况下方可使用，其操作方法是：一旦发生紧急情况，要握紧方向盘（或转向把），迅速放松加速踏板，并立即同时踏下制动踏板和离合器踏板，必要时应同时拉起手制动杆，尽快使车辆停住。

（2）停车。车辆在行驶中需要停车时，一般要采用预见性制动，随着车速的降低，逐渐向右靠边行驶，在临近停车地点时，踏下离合器踏板，轻踏制动踏板，将车辆平稳地停住。车辆停住后，拉紧手制动杆，将变速杆挂入低挡（一般是Ⅰ挡），停熄发动机，然后松开离合器踏板和制动踏板。停车地点必须是路面坚实且可以停车的地段。

5. 倒车。倒车时视线会受到限制，加上倒车转向的特殊性，比前进驾驶要困难一些。因此，驾驶员应加强训练，熟练掌握。

（1）倒车的驾驶姿势。通常有以下两种：①注视后方倒车，驾驶室在左边的，左手握方向盘上部，上身右转，两眼通过后视镜注视后方倒车，驾驶室在右边时则相反。②注视侧方倒车，仍以驾驶座在左为例，右手握在方向盘上部，打开左车门，左手扶车门，身体上部斜伸出驾驶室，两眼注视后方倒车。

（2）倒车的方法。倒车必须在车辆完全停止后进行。先将变速杆挂入倒挡，用于前进起步同样的操作方法进行倒车。倒车时，必须控制车速，不可忽快忽慢，防止发动机熄火或造成事故。直线倒车时，应使前轮方向保持正直；转弯倒车时不但要正确使用方向盘，同时还应注意车前车后情况，尤其是绕过障碍物时，车前外侧容易与障碍物碰擦刮伤。

6. 调头。 车辆由原方向改变为反方向行驶，称为调头。调头时应根据路面的宽窄、地头大小、交通及指挥人员的指挥等情况，确定不同的调头方法。

（1）一次顺车调头法。这种方法最简单，操作也最容易。主要在道路较宽阔及环境许可的情况下运行，方法如图 3-14 所示。

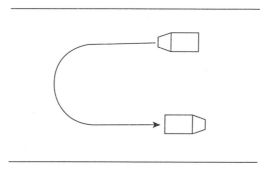

图 3-14　一次顺车调头法

（2）二进一倒调头法。如果路面不很宽阔，转弯 180° 调头难以进行，则应考虑采用此法。如图 3-15 所示，先使车向左转前行，待前轮到达路边时停车，然后向右后方向倒车至路边停车，再向左前方行驶，驶入行车路线后即可向正前方行驶。

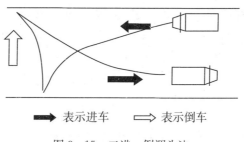

➡ 表示进车　　⇨ 表示倒车

图 3-15　二进一倒调头法

（3）多次顺倒车调头法。如果调头时路面狭窄，采用二进一倒调头法比较困难时，可考虑采用此法（图 3-16）。方法是，先使车向左转前行，待车轮到达路边时停车，再向右后方倒车；再向左前方行进，待前轮达到路边时停车，然后向右后方倒车至适当位置停车，再向左前方行进，驶入行车路线后即可向正前方行驶。

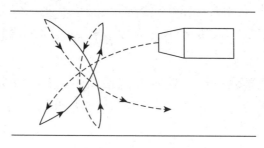

虚线表示进车　实线表示倒车

图 3－16　多次顺倒车调头法

!温馨提示

小麦联合收获机调头注意事项

（1）应尽量避免在坡首、狭窄路段或交通繁杂的地方调头。

（2）严禁在桥梁、隧道、涵洞或交叉路口等处调头。

（3）调头前应用指示灯发出转向信号，调头结束解除信号。

（4）调头车速不宜太快。

（5）路边有障碍物时，进退应避免碰到障碍物。

（6）反复进退时，向前应进足，后退则应留有余地。

（7）调头过程中应酌情鸣号，并注意过往车辆、行人及其他人员安全。

7. 超车。超车应选择在无禁止超车标志、路面宽阔直立、视线良好、路侧左右均无障碍物以及前方 150 米以内没有来车的路段进行。超车要做到以下几点：

（1）超车前，应先驶向前车行驶路线的左侧，并鸣号通知前车，夜间则用断续灯光示意，待确认前车让车后，方可加速从前车左侧超车。超越后应继续沿超车路线前进，待与被超车有 20 米以上距离时，再驶入正常行驶线路。

（2）在超车过程中，如发现道路左侧有障碍或横向间距过小，有挤擦危险时，应谨慎超越或等越过障碍物后再行超越，切忌强行超越。

（3）超越停放车辆时，应减速鸣号，保持警惕，以防停车突然起步驶入路中，也要防止其车门突然开启，还应注意被车遮蔽处突然出现横穿公路的人。在超越停站的车时，更应注意这一点。

（4）遇有后面车辆要求超越时，应视道路和交通情况，决定是否让后车超越。当认为可以超越时，则应选择适当路段减速并靠右行驶，必要时用手势或灯光示意，让后车超越。

8. 会车。会车前应看清对方来车以及前方道路、交通情况，适当减速，选择较宽阔、坚实的路段，靠右侧鸣号缓行通过。会车时应主动让路，并保持车辆横向及车轮距路边的安全距离，不得在两车交会之际使用紧急制动。夜间会车时，应在 150 米以外将前大灯远光改为近光。会车时要注意来车后边可能有人、非机动车等横穿公路。

小常识

小麦联合收获机保养维护要领

（1）每天作业前进行班次保养，确保机器各部件正常。不要把工具丢在机器内，以防伤人和损坏机器。

（2）机组维修时严禁启动机器，或转动任何部位。

（3）夜间维修和加油时，应配带手电或车上工作灯，严禁用明火照明。发动机启动电线发生故障时，不得用碰火的方法启动马达。

（4）严禁在电瓶和其他电线接头处放置金属物品，以防短路。中间维修、当日收工、焊接零部件时，一定要关闭总电源开关。

（5）收获机不得在地面坡度大于15°的坡地和道路上行驶。

（6）收获机发生故障不能行驶需要牵引时，牵引绳要挂在专门的牵引点上，不得挂在其他部位，更不得挂偏拉歪。牵引绳长度要在5米左右，不能太短，一般要在同一前进方向牵引，以防拉歪翻车。

■ 玉米联合收获机

我国玉米收获机械的机型有30多个，已经形成了玉丰4YW-2型、丰收-2型、北京4YZ-3型等多种结构形式的玉米收获机。从总体情况看，目前悬挂式玉米收获机技术上基本定型，市场也基本接近成熟，近几年已出现了旺销势头；自走式玉米联合收获机正在进一步改进和完善。

（一）玉米联合收获机的类别

玉米联合收获机根据与动力挂接方式的不同可分为牵引式、悬挂式（或称背负式）、自走式和与小麦（谷物）联合收割机配套使用的玉米专用割台型。

1. 牵引式玉米收获机。此机为我国最早开发的机型。一般为2～3行侧牵引。行距增加偏牵引力增大，影响机器作业。配套动力为30～60千瓦的拖拉机。由于机器为侧牵引，所以在作业前需人工收割开道。加之机组较长，转弯半径大，需地头开阔的地块。该机组与垄距匹配性差，易推倒或侧向压倒秸秆。其优点是整机配置方便，结构简单，价格低廉，使用可靠性好。由于动力可与整机分离，在非工作时间动力可另行它用，从而提高了动力的利用率。

2. 悬挂式玉米收获机。玉米收获机悬挂在拖拉机上，使其与拖拉机形成一体，形式与自走式收获机相似。有前悬挂、侧悬挂和倒悬挂三种。其优点是整体结构紧凑，价格低廉，动力与收获机可分离，动力利用率高，无需人工收割开道，转弯半径小，适应性强，目前使用较多的是前悬挂式玉米收获机。前悬挂配置较方便，符合使用人员的操作习惯。但悬挂式玉米收获机也存在结构布置、安装和拆卸相对麻烦，驾驶员不易看清割台，前轮重量分配过重等不足之处。鉴于这些原因，现在开始探索、研制倒悬挂玉米收获机型，即玉米收获机配置在拖拉机后侧，拖拉机倒开。

3. 自走式玉米收获机。该机具有结构紧凑、性能较为完善、作业效率高、作业质量好等优点，是一种高级收获机型。在发展潮流方面，具有代表性。其不足是售价较高，投资回收期长，结构较复杂，故障率高。因此，该机型目前在我国还没有大量推广使用，仍处于研制开发阶段。

4. 玉米专用割台型。采用一种玉米专用割台，替换小麦联合收获机割台，从而将小麦联合收获机转变成玉米联合收获机。这样可以大大简化玉米收获系统，提高小麦联合收获机的利用率和经济效益。用小麦联合收获机玉米式，除将割台转换成玉米专用割台外，联合收获机的脱粒、分离、清选等装置也需进行相应的调整和更换，现在一些企业正在开发此种机型。

（二）玉米联合收获机的构造及功能

割台是玉米联合收获机的主要工作部分，割台上的玉米摘穗装置是玉米收获机最关键的工作装置。根据其配置方式不同，割台可分为卧辊式割台和立辊式割台。

1. 卧辊式割台玉米收获机。该机主要由分禾器装置、卧式摘穗辊装置、升运器、籽粒推运器、剥苞叶装置、秸秆粉碎装置和果穗收集系统等部分组成。

以 4YW-2 型玉米收获机为例（图 3-17），工艺流程为：秸秆首先经分禾器、喂入链进入卧式摘穗辊，随着机器的前进和摘辊的相对转动向下快速拉引秸秆。当秸秆上的果穗接触摘辊时，果穗无法通过两摘辊间隙而受到冲击，将果穗摘下。摘下的果穗在喂入链的带动下落入第一升运器中，再由第一升运器输送到剥苞叶装置（许多无剥苞叶装置的机型直接或通过第二升运器输送到集穗箱或后面牵引的拖车）上。经剥苞叶装置剥光的果穗由第二升运器输送到后面牵引的拖车上，完成果穗的收获。被剥落的苞叶落入剥苞叶装置下面的苞叶螺旋推运器，最后将苞叶推出机外。籽粒回收螺旋推运器的作用是将剥苞叶时掉落的籽粒输送到第二升运器中，随剥光苞叶的果穗一起回收到拖车上。摘穗后的秸秆被后面的秸秆粉碎装置粉碎（或通过饲料收获装置收获后。输送到后面的拖车上运回作为饲料），均匀地抛洒在地面上，实现秸秆还田。

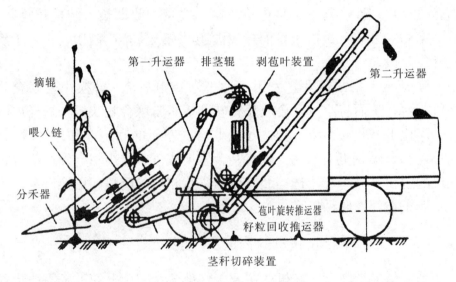

图 3-17 卧辊式玉米收获机

卧辊式割台由于没有夹持输送机构，秸秆被强制喂入摘穗辊。因此，整机结构简单，使用可靠性高，堵塞情况较立辊式割台的玉米收获机明显较少。卧辊式割台的摘辊与水平夹角一般小于30°，摘落的果穗在摘辊上面移动距离长，和摘辊接触时间也长，受到摘辊的反复冲击和挤压，易造成籽粒损伤和落粒，加大了整机的损失率。另外，配卧辊式割台的玉米收获机粉碎装置为开放式结构，粉碎效果不如立辊式机型。

2. 立辊式割台玉米收获机。该机主要由分禾装置、夹持输送装置、立式摘穗辊装置、升运器、剥苞叶装置、秸秆处理装置和果穗收集系统等部分组成。其中分禾装置、升运器、剥苞叶装置、果穗收集系统与卧辊式玉米收获机大致相同，立辊式收获机特有部件有立式摘穗辊装置、夹持输送装置、茎秆粉碎揉搓装置或切碎回收装置等。

以 4YL-2 型玉米收获机（图 3-18）为例，工艺流程为：秸秆首先经分禾器、拨禾链进入夹持链，在茎秆被夹住后由齿式回转切割机切断，切割后的茎秆继续被夹持向后输送。在档禾板阻挡下成一角度喂入摘穗辊。茎秆通过前组辊被后组辊抓取拉引时，玉米果穗在前组辊的作用下被摘取而落入第一升运器，并被送入剥苞叶装置。玉米果穗在压制器和剥辊的作用下，在一边滑动、一边滚动的过程中被剥除苞叶，最后落入第二升运器。被剥辊撕下的苞叶落入剥辊下面的苞叶螺旋推运器，由它推送到机外。并撒落田间，落到苞叶螺旋推运器下面的籽粒回收螺旋推运器里，被送到第二升运器，同果穗一起送到机后牵引的拖车里。

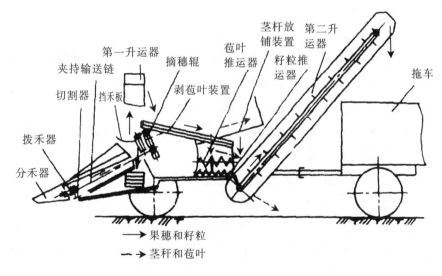

图 3-18 立辊式玉米收获机

配立辊式割台特征是摘穗辊轴线沿着机器前进方向稍向前倾斜，且与茎秆夹持输送喂入链锁在平面成垂直配置。这样，被摘下的果穗能迅速离开摘辊工作表面，有利于减少果穗损伤和落粒损失。摘辊后面空间开阔，有利于茎秆的回收与处理，茎秆处理可实现粉碎还田、切碎回收和整株放铺。立辊式割台的玉米收获机还具有作业速度高、割茬整齐、秸秆粉碎效果好、利于秸秆腐烂等优点。其缺点是夹持输送部件可靠性差，链条磨损快，易断链。

（三）安全驾驶规范

（1）机组驾驶员必须具有农机管理部门签发的驾驶执照和田间驾驶作业的经验，并经过玉米收获机操作的学习和训练。

（2）与联合收获机械配套的拖拉机必须通过农机监理部门的年审，且技术状况良好。使用过的玉米收获机必须经过全面的检修保养。

（3）工作时只限驾驶员一人，严谨超载，禁止任何人站在切碎器、割台等部位附近。

（4）拖拉机启动前必须将变速手柄及动力输出手柄置于空挡位置。

（5）拖拉机起步、接合动力、转弯、倒车时，要先鸣喇叭，观察机组前后左右的状况，并提醒多余人员离开。

（6）工作期间驾驶人员不得饮酒，不允许在过度疲劳、睡眠不足、健康状况不好的情况下驾驶机组。

（7）作业中注意避开石块、树桩等障碍，以免折损粉碎器锤爪。

（8）经常停机熄火，检查锤爪完好可靠情况，严谨锤爪残缺工作。

（9）严禁拆卸护罩。

（10）工作中驾驶人员要随时观察、倾听机器各部位的运转情况，如发现异常，应立即停车熄火排除故障，不允许机器带病作业。

（11）严禁机组在工作时和完全停止运转前排除故障、清除杂草、保养、检查等。拖拉机必须在完全熄火后再对机组进行检修。检修摘穗辊、拨禾链、切碎器、开式齿轮、链轮和链条等传动和运动部位的故障时，严禁任何人转动传动机构。

（12）机组在转向、地块转移或长距离空行及运输状态时，必须使收获机脱开动力。

小常识

玉米收获机驾驶要点

（1）作业区地块应平坦，坡度要符合机器安全作业要求。在大地块作业时，可先分成几个作业区域，确定机器行走的正确路线。

（2）玉米收获机在作业前应平稳接合工作部件离合器，油门由小逐渐加大，待到额定转速后（大油门），方可开始收获作业。

（3）作业中要依据作物产量情况正确选择前进速度。可按使用说明书的推荐速度并结合实际作业情况确定前进速度。作业速度过高或过低，将导致作业质量差或效率低。

（4）在玉米收获机进行长时间收获作业时，为防堵塞，应使玉米收获机停驶1～2分钟，让工作部件空运转，以便从工作部件中排除掉所有果穗、籽粒等余留物。当工作部件堵塞时，应及时停机清除堵塞物。

（5）作业中要定期检查切割粉碎质量和留茬高度，根据情况随时调整割台高度。根据抛落到地上的籽粒数量来检查摘穗装置的工作情况，当籽粒损失量超过玉米籽粒总收获量的0.5%时，应检查摘穗板之间的工作间隙是否正确。

（6）玉米收获机转弯或沿玉米行作业遇有水洼时，应把割台升高到运输位置。在有水沟的田间作业时，收获机只能沿着水沟方向作业。

（7）注意液压系统的连接密封性，不允许漏油。

（8）注意发动机的油压表、水温表和电流表的读数，出现异常及时停机排除。当启动发动机时，持续工作时间不得超过15秒，再一次启动时需经过1～1.5分钟后。3～4次启动不成功时，应查明原因，予以排除。当发动机不工作时，应把总电源开关切断。

参考文献

韩永平，祝培礼．2001．拖拉机驾驶员培训教材．济南：黄河出版社．

胡霞．2010．新型农业机械使用与维修．北京：中国人口出版社．

农业部农机监理总站．2001．农业机械安全监督管理．北京：中国农业出版社．

屈殿银．2011．新型拖拉机驾驶与维修．北京：中国农业科学技术出版社．

单元自测

1. 启动拖拉机前要检查哪些内容？

2. 拖拉机与农具挂接的方式有哪几种？

3. 正确驾驶拖拉机的方法有哪些（可从起步、行进、转向、变速、制动等方面进行分析）？

4. 小麦联合收获机的安全操作规范是什么？

5. 玉米联合收获机的安全操作规范是什么？

技能训练指导

一、拖拉机基本驾驶操作

（一）训练场所

拖拉机驾驶员培训中心。

（二）设备材料

泰山30拖拉机。

（三）训练目的

掌握拖拉机驾驶的基本知识。

熟练掌握拖拉机的起步、行驶、停车等操作步骤。

（四）训练步骤

1. 车辆检查。在启动发动机前，检查车辆的技术情况，具体检查内容如下：

（1）检查水箱水量。不足时应添加。注意，要加干净的软水，切勿使用脏污或含盐碱的水，以防水箱内结成水垢。

（2）检查发动机油底壳的润滑油量。不足时要添加。机油量应加至机油尺上下两刻线之间为合适。机油量既不能超过上刻线，也不能低于下刻线。

（3）检查挡位。变速箱挡位及动力输出轴手柄应在空挡。若不用液压系统应将其操纵手柄放在"分离"位置。

（4）检查柴油箱的燃油是否足够，检查变速箱、喷油泵等各处的润滑油是否足够。

（5）查看各管路是否有漏油、漏水现象。

（6）检查轮胎气压是否足够。

（7）检查各连接部件的螺栓、螺钉是否紧固。

（8）检查随车工具和备用件是否齐全。检查照明、信号灯是否完好。

2. 发动机启动。

（1）将减压手柄放在减压位置。打开油箱开关。

（2）将手油门放到最大供油位置。

（3）将离合器踏板踩到底，以减少启动阻力。

（4）用钥匙接通电路，将启动开关转到启动位置，此时启动电机带动飞轮运转。当曲轴达到启动转速时，立即将减压手柄推回至不减压位置，发动机即可着火。

（5）发动机着火后，立即断电，随即将油门放到怠速位置。

（6）每次启动时间不超过 15 秒，若第一次启动未着火，应停 2 分钟后再启动。若三次启动不着，应查找原因，排除故障后再启动。冬季启动方法同上。

3. 拖拉机起步。

（1）离合器踏板踩到底，将变速杆挂到低挡上。

（2）慢慢松开离合器踏板，同时稍稍加大油门，使拖拉机平稳起步。

（3）油门的大小应根据拖拉机牵引负荷的大小来定。

4. 换挡行驶。由低挡到高挡，再由高挡到低挡，依次进行；换倒挡行驶。高速挡换低速挡的操作步骤：

（1）减小油门，降低车速。

（2）踏下离合器踏板，迅速将变速杆移入空挡位置，随即放松离合器踏板。

（3）迅速轰一下油门（即空轰油门，提高发动机转速），再次踏下离合器踏板，将变速杆移入低一级挡位，放松离合器踏板。

低速挡换高速挡，一般不需使用两脚离合就能顺利换挡，只需在第一次踏下离合器踏板时，使变速杆在空挡位置稍停一会儿，然后再挂入高一级挡位。

5. 停车制动。

（1）停车时选择适宜的停车地点。

（2）停车时，先减小油门，降低拖拉机行驶速度，再制动停车，拖拉机制动时，先踩下离合器踏板，根据情况逐渐踩下制动踏板，即可实现停车。停车后，再将变速杆扳倒空挡位置。紧急情况下需要制动时，应把握好方向盘，将离合器踏板和制动踏板同时快速踩下，即可实现紧急制动。停车后拉紧驻车制动装置，然后让发动机怠速运转几分钟，使水温、机油温度降低再熄火。

（3）熄火前，不要猛轰油门，以免加剧零件磨损和损坏。

二、小麦联合收割机的田间作业

（一）训练场所

地势较平坦、少杂草、作物成熟度一致、基本无倒伏、具有代表性的地块。

（二）设备材料

谷神 4LZ‐2 或其他型号联合收割机，随车工具等。

（三）训练目的

掌握小麦联合收获机田间作业的安全操作。

（四）训练步骤

1. 确定收割时间。 联合收获机因为是一次完成收割、脱粒、清选的作业，因此在小麦发黄的籽粒开始变硬、手指甲掐不断的时候即可开始收获。收获过早会因籽粒含水分多而使籽粒破碎比较严重，收获过晚，容易产生打击落粒损失比较严重现象。

2. 确定合适的行走路线。常用的行走路线是从一侧进地，采用回形走法进行收获。带粮箱的自走式联合收获机，要考虑卸粮的问题，如果卸粮筒在左侧，则应以左侧靠近已割区，采用顺时针回转法进行收割，以避免压倒未割的小麦，同时把地头割出一个宽道，便于运粮车的进入和转弯。

在作物有倒伏时，应尽量采用逆向收割或与倒伏作物成 45°左右的夹角（即侧割）收割，这样可以降低收割损失。

3. 田间准备。若地头或田间有沟坎，应先填平。捡走田间的石头、铁丝、木棍等杂物。机器不便行走的四角和电线杆周围，可由人工先割倒谷物。

4. 进入作业区的操作。当联合收获机进入地头空地后，应在发动机低速运转时接合上工作离合器，使工作部件转动，并把割台降到要求的割茬高度，然后挂上工作挡位，逐渐加大油门至发动机稳定在额定转速时，平稳起步，进入收割区作业。收割 50～100 米后，停车检查作业质量，如割茬高度、切割损失、脱粒损失、清选损失、籽粒破碎等情况，不符合规定时要进行调整。

（1）作业行驶。机器尽量直线行驶。如果边割边转弯，会使分禾器不能很好地分禾，分禾器尖至割刀的一段距离内的谷物将被压倒，联合收获机的后轮也会压倒一部分谷物，而造成损失。

（2）油门的使用。为使联合收获机保持良好的技术状态和稳定的工作性能，各工作部件必须在规定的运转速度范围内工作，即要求柴油机在额定转速下工作。因此，必须采用大油门。在收获作业中要保持油门稳定，不允许用减小油门的方法来降低行车速度或超越障碍，因为这样会降低联合收获机各工作部件的运转速度，造成作业质量下降，而且容易引起割台、输送链和脱粒滚筒的堵塞。

当田间需要暂时停车时，需先踏下行走离合器，将变速杆置于空挡，保持大油门运转 10～20 秒，待收获机内谷物处理完后，再减小油门停车。

作业中感到收获机负荷过重时，可以踏下行走离合器，让收获机内的谷物处理完后，再继续前进作业。

当收获机行到地头时，也应继续保持大油门运转 10～20 秒，待收获机内谷物脱完并排出机外后再减小油门，低速进行转弯。

（3）前进速度的选择。收割作业时，应根据小麦品种脱粒的难易程度、长势、干湿以及联合收获机的喂入量来决定前进速度，同时还要利用割茬高度和割幅宽度来适当调整喂入量，保证机器高效、优质地进行收割。

一般规律是：收获初期的麦子湿度较大，作物难脱粒，机器易堵，所以机器的前进要慢；收获的中后期，作物成熟较好，干燥易脱，前进可加快；每天的早晚，作物被露水打湿难脱，前进要慢；中午前后则可加快。作物生长的高密，要提防因喂入量过大引起堵塞，前进要慢；作物生长的稀矮，可加快前进。

（4）收割幅宽的选择。尽可能进行满负荷作业，但喂入量不能超过规定的许可值，在作业时不能有漏割现象，割幅掌握在割台宽度的90％为好。

（5）及时卸粮并且一次要卸完。当粮箱接近充满时应及时卸粮，以免因粮箱过满使得卸粮搅龙不易启动，并引起籽粒升运器堵塞打滑。卸粮要一次卸完，如中途停卸，则卸粮搅龙中充满籽粒，下次启动困难。在行进中卸粮时，联合收获机要直线慢速与运粮车同速行进，保持相对位置，以免抛洒粮食。

学习
笔记

模块四
农业机械作业技术

1 耕地机械作业技术

耕地是农业种植生产中的一个基本环节。耕地的目的是对土壤进行翻转和疏松，以恢复土壤的团粒结构，增强土壤的吸水、透水及透气能力，覆盖杂草和肥料，防除病虫害，为作物的生长发育创造良好的土壤条件。土壤耕作属重负荷作业，要消耗大量能源，因此耕作机械化新技术一直受到各国的重视。

耕地的技术要求：①适时耕翻。②耕地深度符合要求，且更深一致，沟底平整。③耕生地应有良好的翻垡覆盖性能；耕熟地应有良好的碎土性能；耕水田地土垡应架空，以利通风晒垡。④不得有漏耕、重耕，耕后地表平整。

耕地机械目前常用的主要有铧式犁、圆盘犁、深松机等。

■ 铧式犁

以犁铧为主要耕作部件的犁称为铧式犁，它是使用广泛的耕地机械。按动力可分为蓄力犁和机力犁；按与拖拉机挂接的形式可分为牵引犁、悬挂犁和半悬挂犁；按重量可分为轻型犁和重型犁；按用途可分为旱地犁、水田犁、果园犁、灌木-沼泽地犁等。

（一）铧式犁的类型

1. 牵引型。 犁与拖拉机之间采用单点挂结，拖拉机的挂结装置对犁只起牵引作用，在工作和运输时，其重量均由犁本身具有的三个轮子承受（图4-1）。牵引犁由牵引杆、犁架、机械或液压升降机构、调节机构、行走轮、安全装置等部件组成。耕地时，借助机械或液压机构来控制地轮相对犁体的高度，从而达到调整耕深的目的。

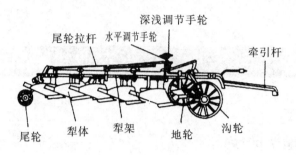

图4-1 牵引犁

牵引犁工作稳定，作业质量较好，但结构复杂，质量大，机组转弯半径大，机动性较差，多用于大型、多铧、宽幅的条件，适用于大地块作业。

2. **悬挂犁**。悬挂犁通过悬挂架与拖拉机的悬挂装置连接，靠拖拉机的液压提升机构升降（图4-2）。运输和地头转弯时，悬挂犁离开地面，其重量由拖拉机承受。悬挂犁由犁体、犁架、悬挂装置和限深轮等组成。当拖拉机液压悬挂机构采用高度调节耕作时，限深轮用来控制耕深。

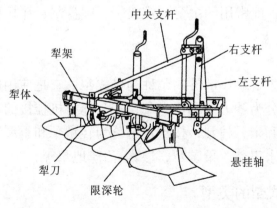

图4-2 悬挂犁

悬挂犁具有结构简单、质量小、操作灵活、机动性好的优点，但整个机组的纵向稳定性较差，如果犁体过重，易使拖拉机前端抬起，因而大型悬挂犁的发展受到限制。适用于中小地块作业。

3. 半悬挂犁。半悬挂犁是在悬挂犁基础上发展起来的。它所配的犁体较宽，纵向长度大，解决了悬挂犁纵向操作不稳定的问题。半悬挂犁（图 4-3）的前部像悬挂犁。但本身还具有轮子，以便在运输和地头转弯时承受机具的部分重量，减轻拖拉机悬挂装置所需的提升力。半悬挂犁的优点介于牵引犁与悬挂犁之间，它比牵引犁机动灵活，转弯半径小；比悬挂犁能配置更多犁体，稳定性、操作性好。

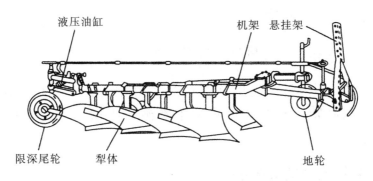

图 4-3 半悬挂犁

4. 动力铧式犁系列。根据其适用区域不同，可分为南方水田犁系列和北方旱田犁系列。每一系列按其强度及适于土壤比阻值范围不同，又分为多种型号。南方水田犁系列为中型犁，水、旱耕通用，耕深一般为 16~22 厘米，犁体幅宽为 20~25 厘米。北方系列犁可分为中型犁和重型犁两类，耕深范围为 18~30 厘米，耕幅为 30~35 厘米，中型犁适用于地表残茬较少的轻质和中等土壤，重型犁适用于地表残茬较多的黏重土壤。

（二）铧式犁的结构与工作

铧式犁的犁体结构如图 4-4 所示，由犁铧（又称犁铲）、犁壁、犁侧板、犁柱、犁托等组成。

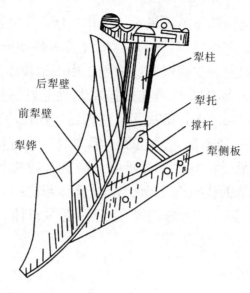

图 4-4 铧式犁的犁体结构

工作时，犁体按一定的深度和宽度切开土层，将土垡沿曲面升起、侧推和翻转，并在此过程中不断破碎土壤，达到耕地的基本要求。

（三）铧式犁的装配要求

（1）犁架不应倾斜，在多铧犁上其左右顺梁与水平面高度差不得超过 5 毫米，各顺梁间相距差不大于 7 毫米。

（2）多铧犁的主体犁各铲尖与铲翼应分别在同一直线上，其偏差不得超过 5 毫米。

（3）主犁体犁壁与犁铲接缝处应紧密，接缝处小于 1 毫米，不允许犁壁高出犁铲，以免影响土垡的上升翻扣。

（4）犁壁与犁铲构成的垂直切刃（犁胫线）应位于同一垂直面上，犁铲凸出犁胫线允许不大于 5 毫米。

（5）犁侧板前端与耕沟底垂直间隙值不小于 10～20 毫米，夹角为 2°～3°。

（6）犁侧板前端与沟壁平面的水平间隙不小于 5～10 毫米，其夹角为 2°～3°。

（7）犁铲和犁壁与犁柱的接触面间隙，下部不应超过 3 毫米，上部不应超过 8 毫米。

（8）犁体上所有埋头螺钉，应与工作面平齐，不得凸出，下陷不得大于 1 毫米。

（9）圆犁刀旋转面应垂直地面，刃口应锐利，刃口两边距垂线的偏差不大于 3 毫米，圆盘轴向游动量不大于 1 毫米。

（10）小前铧安装高度应使其耕作层不大于 10 厘米，小前铧与大铧尖相距至少在 25 厘米以上，圆犁刀应安在小铧前方，圆盘中心应垂直对准小前铧的铲尖，并向未耙地偏出 10～30 毫米，刃口的最低位置应低于小前铧铲尖 20～30 毫米，如图 4-5 所示。

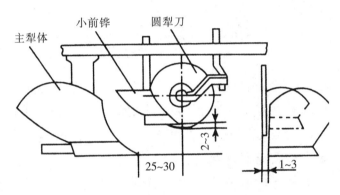

图 4-5　小前铧、圆犁刀与主犁体的安装位置示意（单位：厘米）

（11）犁轮的轴向间隙不大于 2 毫米，径向间隙不大于 1 毫米，轮缘轴向摆动不大于 10 毫米，径向跳动不大于 6 毫米，犁轮弯轴的弯曲度应符合设计，不得变形。

（12）牵引犁尾轮左侧轮缘较最后的主犁体的犁侧板向外偏 1～2 厘米，尾轮下缘比犁侧板底面低 1～2 厘米。尾轮拉杆的长度应保证在犁体耕作时放松，在运输时使犁体有不小于 20 厘米的运输间隙。

（四）铧式犁安全操作要点

（1）机车和牵引犁之间要有信号联系，驾驶员应经常注意农具工作情况。

（2）机组作业时，落犁起步须平稳，不准操作过急。

（3）牵引装置上的安全销若折断，不准用高强度钢筋代替或随意改变尺寸，应用直径 10 毫米的低碳钢销子。

（4）牵引犁不准较长距离倒退，可短距离倒退，尾轮滚动方向必须与倒退方向一致。犁提升前，严禁拖拉机转弯与倒退，严禁转圈耕地。

（5）转移地块时悬挂犁、半悬挂犁应升至最高位置并加以锁定，调紧限位链，牵引犁升起后应固定起落手柄。

(!) 温馨提示

铧式犁使用注意事项

（1）挂接犁时应低速小油门，并注意不能挤伤农具手。

（2）落犁时应慢降轻放，防止犁及犁架等受到撞击而损坏。

（3）在过硬或过黏的土壤中耕作时，应适当减少耕深和耕宽，以免阻力过大而损坏机件。

（4）地头转弯时应减小油门，将犁体提升出土后方可转弯。

（5）机组运行中或犁被提升起来而无可靠支垫时，不准对犁进行维护、调整和拆装。

（6）犁在长距离运输时，悬挂机组需将悬挂锁紧轴锁紧，限位链适当调紧；牵引机组要将升起装置锁住。避免因运输途中晃动，造成自动落犁而损坏机件的事故。

■ 深松机

深松是指超过正常犁耕深度的松土作业，不翻转土层，作物残渣可留在地表，有利于保墒和防止风蚀，是目前国内外应用比较广泛的一种保护性不需耕作的方法。

深松可以破坏长期犁耕形成的坚硬的犁低层，加深耕作层，改善耕层结构，提高土壤蓄水抗旱和耐涝能力。

深松机有深松犁、层耕犁、全方位深松机、深松联合作业机等。

（一）深松机的结构

深松机一般采用悬挂式，如图 4-6 所示。其主要工作部件是装载机架后横梁上的深松铲。连接处装有安全销，当碰到大石头等障碍物时，安全销剪断，便可保护深松铲不受损坏。限深轮装于机架两侧，用于调整和控制深松深度。

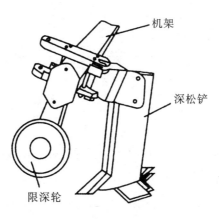

图 4-6　深松机

深松铲是深松机的主要工作部件，由铲头和立柱两部分组成。深松铲的形状有多种，如图 4-7 所示。

铲头是深松铲的关键部件，最常用的是凿形铲，它的宽度较窄，和铲柱宽度相近，形状有平面形［图 4-7（a）］，也有圆脊形［图 4-7（b）］。圆脊形碎土性能较好，且有一定的翻土作用；平面形工作阻力较小，结构简单，强度高，制作方便，磨损后更换方便，行间深松、全面深松均可适用，应用最广。在它后面配上打洞器［图4-7（c）］，还可成为鼠道犁，在田间可开出深层排水沟；若进行全面深松或较宽的行间深松，还可以在两侧配上翼板［图 4-7（d）］，增大松土效果。铲头较大的鸭掌铲和双翼铲［图 4-7（e）、（f）］主要用于行间深松或分层深松时松表层土壤。

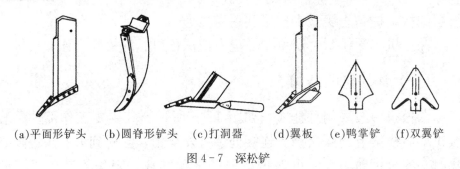

(a)平面形铲头　(b)圆脊形铲头　(c)打洞器　(d)翼板　(e)鸭掌铲　(f)双翼铲

图4-7　深松铲

（二）深松机的装配要求

（1）各部件不得有变形、损坏。

（2）铲刀应锋利，工作面应平整光洁。刃口厚度不得大于 2 毫米。

（3）仿形机构应完好无损。行走仿形轮轴向晃动不得大于 2 毫米。

（4）各铲之间距离偏差不得大于 5 毫米，铲尖着地要一致。

（5）悬挂架应保证入土角在 35°以下。通过调整中央拉杆，使松土铲容易入土。

小常识

深松机的维修

（1）铲刀磨损可用砂轮磨修，使其达到规定的刃厚标准。若磨损严重，可焊补后修磨到标准刃厚。

（2）梁架开焊或变形，可采用焊接或矫正修复。

（3）仿形机架变形，可采用冷矫正修复。

（4）铲柱变形，可采用冷矫正之后，焊加强筋修复。

2 整地机械作业技术

耕地后，土垡间有很大间隙，土块较大，地面不平，一般都不能立即进行播种，还必须进行碎土、平整和镇压等工作。完成以上各项工作，统称为整地。

表土经过整地后，地面平整，土壤细碎，上松下实，种子播在这样的土壤里才能顺利发芽，出苗一致，根系牢固，为后期生长发育打下良好的基础。

在保护性耕作技术实施中，可用耙做地表处理，如平整土地、除草、疏松表土、提高低温等。

整地的技术要求：①整地要及时，以利防旱保墒。②切碎土垡，平整表面，整后地面没有凹凸和沟垡。③不漏不重，深度适宜且一致。

整地机械主要有旱田耙（圆盘耙和钉齿耙）、水田耙、旋耕机和镇压器等。

▪ 圆盘耙

圆盘耙主要用于旱地耕后的碎土以及播种前的松土、除草作业。此外，由于圆盘耙具有切断草根残渣、搅动表土的作用，也可以用于收获后的浅耕灭茬作业，撒播肥料后可用它进行覆盖。

（一）圆盘耙的种类及特点

1. 按机重和耙深分类。可分为重型、中型和轻型三种。

（1）重型圆盘耙。单片机重（重量/耙片数）为50~65千克，耙片直径为660毫米，耙深为18厘米。适用于开荒地、沼泽地等黏重土壤的耕后碎土或以耙代耕的灭茬作业。

（2）中型圆盘耙。单片机重20~45千克，耙片直径为560毫米，耙深为14厘米。适用于黏性土壤的耕后碎土和一般土壤的灭茬耙地。

（3）轻型圆盘耙。单片机重15~25千克，耙片直径为460毫米，耙深 10 厘米。适用于一般土壤的耕后碎土和灭茬作业。

保护性耕作由于在免耕条件下进行耙地，故多用中型和重型圆盘耙。

2. 按机组挂接方式分类。 可分为牵引式、悬挂式和半悬挂式三种。

(1) 牵引式圆盘耙。由于重型圆盘耙机体结构庞大而笨重，悬挂困难，故多为牵引式。中型与轻型圆盘耙也有牵引式的。牵引式圆盘耙地头转弯半径大，运输不方便，只适用于大地块作业。

(2) 悬挂式圆盘耙。多为中型和轻型圆盘耙，机组配置紧凑，操作方便，运输灵活，在各种地块上作业均可。

(3) 半悬挂圆盘耙。兼有牵引式和悬挂式两种类型的优点，是我国圆盘耙系列中的一种新产品。

3. 按耙组的配置方法分类。 可分为顶置式和偏置式两种。

(1) 顶置式圆盘耙。耙组对称地配置在拖拉机中心线后两端，可使左右耙组的侧向力相互平衡。

(2) 偏置式圆盘耙。耙组偏置于拖拉机中心线的左侧或右侧，由于偏置，其侧向力不易平衡，调整比较困难，作业中只宜单向转弯。

随着拖拉机功率的加大，耙和其他农具一样，也有向大型发展的趋势，并采用折叠翼结构。

(二) 耙地作业方法

耙地作业一般由顺耙、横耙和斜耙三种基本方法。顺耙时，耙地方向与犁耕的方向平行，工作阻力小，但碎土作用差，适宜于在轻、松土壤中进行工作，有梭形、套形、回形走法。套形耙法与梭形耙法相似，主要是避免转小弯，以提高工作效率，适用于较大地块的作业。回形耙法适用于较小地块，以免因转弯过小而耽误工时。

垂直于耕地垄沟前进时称为横耙，平地和碎土作用均强，但机具颠簸大。

与耕地方向成 45° 的耙地方法称为斜耙或对角耙法，平地及碎土作用都较强。适用于正方形或长方形地块。三角形地块的耙法，机组可从三角形地块的一角向地块中心行进。

（三）圆盘耙的安装

各种圆盘耙的主要工作部件、结构大体相同，但各种耙地耙组数、配置方案、单列耙组的耙片直径和数量以及某些具体结构有所不同。耙组由 5～10 片圆盘耙片穿在一根方轴上，耙片之间用间管隔开，保持一定间距，最后用螺母拧紧、锁住而成，如图 4－8 所示。

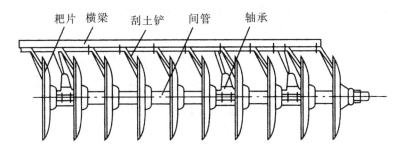

耙片　横梁　　刮土铲　　间管　　轴承

图 4－8　圆盘耙的耙组

耙组通过轴承及其支座与梁架相连接，工作时所有耙片都随耙组整体转动。每个耙片的凹面一侧都有一个刮土铲，安装在刮土铲横梁上，用以清除耙片上的泥土，刮土铲与耙片之间的间隙应保持 1～3 毫米，并可以调节。

具体安装时要注意以下事项：①耙组方轴应平直，耙片刃口厚度应小于 0.5 毫米，刃口缺损不超过三处。②安装缺口耙片时，相邻耙片的缺口要错开，以免耙组受力不均匀。③安装间管时，其大头与耙片凸面相靠。耙片的间距应相等，其偏差不大于 8 毫米。④方轴一端的螺母必须拧紧并锁牢，耙片不得有任何晃动，否则耙片内孔会磨损方轴。⑤刮土铲与耙片凹面应保持 3～5 毫米的间隙，以免阻碍耙片转动。⑥耙架不得变形或开焊，各连接螺栓应紧固，装好后的耙组应转动灵活。

（四）圆盘耙的调整

1. 耙组偏角调整。 在保证碎土能力的条件下，耙组角度不易过大，否则将使牵引阻力增加。

2. 配重调整。 通过增减耙组配重盘上的配重，可调整耙深。

3. 刮土铲调整。 刮土铲与耙片凹面应保持 3～5 毫米的间隙，与耙片外缘距离应为 20～25 毫米，如不符合规定，可通过改变刮土铲在耙架上的位置进行调整。

（五）圆盘耙的使用

根据作业要求，可用调节耙组偏角和增加配重的方法来调整耕深。

使用前要检查各紧固螺母有无松动，特别是耙组方轴的螺母必须拧紧。检查各转动部件运动是否灵活。检查刮土铲的位置是否正确。

作业中不允许对耙进行修理、检查，只能停车进行。

拖拉机带耙作业时不许急转弯，牵引耙不许倒车，悬挂耙转弯和倒车时应将耙升起后进行。

小常识

圆盘耙的维护

（1）班次维护。每班作业结束后，应清除耙片及耙架上的污物；检查并紧固各连接螺母；各转动部件加注润滑油。

（2）入库维护。在作业季节结束后，机具要存放较长的时间，为保存好机具，延长使用寿命，应做好以下工作：①清除耙片及耙架上的污物。②在耙片上涂机油，以防锈蚀。③检查轴承间隙，磨损过大时应更换，并更换轴承内的润滑脂，各转动部件加注润滑油。④用木板将耙组垫离地面。⑤存放于干燥通风的库房内。

▪ 旋耕机

（一）旋耕机的种类

旋耕机是一种由动力驱动的旋转式耕作机具，主要用于水田、菜园、黏重土壤和季节性强的浅耕灭茬，在播种整地作业中得到广泛的应用。其切土、碎土能力强，耕后地表平整、松软，但覆盖质量差。在我国南方地区多用于秋耕稻田种麦、水稻插秧前的水耕水耙。它对土壤湿度的适应范围较大，凡拖拉机能进入的水田都可以耕作。在我国北方地区大量用于铲茬还田、破碎土壤的作业。另外，还适应于盐碱地的浅层耕作、荒地灭茬除草、牧场草地浅耕再生等作业。

1. 按与拖拉机的挂接方式分类。可分为悬挂式、直接连接式和牵引式三种。

（1）悬挂式旋耕机。连接方式与悬挂犁相同，动力通过万向节轴传来，经过传动装置带动刀轴旋转。优点是连接方便，能与多种拖拉机配套，但应注意升起高度不宜过大，不然会使万向节轴因倾角过大而提早损坏。

（2）直接连接式旋耕机。将中间传动的外壳用螺钉直接固定在拖拉机的后桥壳上。升降时中间齿轮箱和主梁不动，仅工作部件绕主梁转动而升降，它的纵向尺寸较紧凑，省去了万向节，操作不受万向节倾角的限制，但只能与某种拖拉机配套，挂接也不方便。

（3）牵引式旋耕机。利用牵引装置与拖拉机相连，结构复杂，运转也不灵活，已不采用。

2. 按传动位置分类。可分为中间传动和侧边传动两种。

（1）中间传动式旋耕机。刀轴所需动力由中间传来，刀轴左右受力均匀，但刀轴结构复杂，中间还应设一刀体补漏，如 1GN－200 型旋耕机。

（2）侧边传动式旋耕机。刀轴所需动力由左侧传来，它除刀轴受力和整机重量分布稍不均匀外，其余都比中间传动式好，故定为基本型式（型号中没有 N），如 1G－150 型旋耕机。

3. 按传动方式分类。可分为齿轮传动和链条—齿轮传动两种。

（1）齿轮传动旋耕机。零件多、结构复杂，但传动可靠，故采用较多，定为基本型式，如1G-150型旋耕机。

（2）链条—齿轮传动旋耕机。刀轴和中间齿轮箱间采用链条，可省去两个中间齿轮和轴承等，结构简单，但使用不当时，易发生故障，如1GL-150型旋耕机。

（二）旋耕机刀片安装

根据不同农业技术要求，旋耕机刀片一般有交错安装、向外安装和向内安装三种（图4-9）。

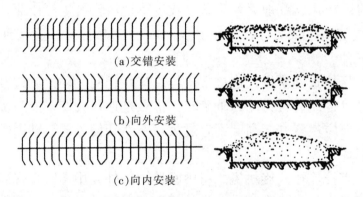

(a)交错安装

(b)向外安装

(c)向内安装

图4-9　旋耕机刀片安装方法

交错安装：左右弯刀在刀轴上交错排列安装。耕后地表平整，适于耕后耙地或播前耕地，是常用的一种安装方法。

向外安装：刀轴左边装左弯刀片，右边则装右弯刀片，耕后中间有浅沟，适于拆畦或开沟作业。

内向安装：刀轴左侧全部安装右弯刀片，右侧则全部安装左弯刀片，耕后中间有隆起，适于筑畦或中间有沟的地方作业。

> **⚠ 温馨提示**
>
> 　　旋耕机刀片安装时，应注意使刀轴的旋转方向和刀片刃口的方向相一致，并进行全面检查，特别是螺钉要紧固，严防旋耕刀飞出伤人。

（三）旋耕作业方法

旋耕机的构造特点决定了其旋耕方法不同于犁耕法，而近似于耙地法。一般常见旋耕作业方法有回形、梭形和套耕。

（四）旋耕机使用前的技术状态检查

（1）刀片的刃口厚度应为 0.5～1.5 毫米，刃口曲线过渡平滑，如刃口有残缺，其深度要小于 2 毫米，且每把刀的残缺不能多于两处。

（2）刀片在刀座必须安装牢固，应有锁紧措施，防止松脱而造成人身事故或机具损坏。

（3）刀滚装载旋耕机上后，刀片顶端与罩壳的间隙以 30～45 毫米为宜。间隙过大，垡块易反抛到刀轴前方被再次切削，浪费动力；间隙过小，易造成堵塞。若此间隙小于 28 毫米，就需要重新装修罩壳。

（4）刀滚装载旋耕机上后，应进行空转检查。把旋耕机稍离地面，接合动力输出轴，旋耕机低速旋转，观察其各部件是否运转正常，如整个刀滚是否平稳、有无碰擦等异常情况。

（5）在拖拉机和旋耕机之间安装万向节总成，必须使方轴和方轴套的夹叉处于同一平面，以保证所传递的转速平稳。要求方轴和方轴套之间的配合长度要适当，它们之间的配合长度在工作时要求不小于150 毫米，在升起时要求不小于 40 毫米，防止提升时因配合长度不够而脱出或损坏，但也要防止工作时因配合长度太长而顶死。

万向节总成两端的活动夹叉与拖拉机动力输出轴轴头和中间齿轮传动箱轴头连接时，必须推倒位，使插销能插入花键的凹槽，最后还应该用开口销把插销锁好，以防止夹叉甩出造成事故。

（6）传动装置在每个耕季结束后都要检查一次，以保持其经常处于完好的技术状态，检查方法是：先放出传动箱的齿轮油并清洗内部，然后检查调节，再加入新齿轮油，若检查时发现问题，要及时进行拆装和修理。

（五）旋耕机的挂接

1. 旋耕机的耕幅与拖拉机轮距的配套。 旋耕机的工作幅宽应与拖拉机的轮距相适应，一般应大于或等于拖拉机的轮距，以免工作时拖拉机轮胎压实已耕地。

由于旋耕机功率消耗大，对于中、小型拖拉机，旋耕机的耕幅往往小于拖拉机的最小轮距，这时旋耕机应采用偏挂方式，偏置于拖拉机一侧，并在工作中采取合适的行走方式，尽量避免压实已耕地。

2. 旋耕机与拖拉机的挂接。 旋耕机一般用三点悬挂方式与拖拉机连接，并通过万向节传动轴与输出轴相连。安装万向节轴时，伸缩方轴的长度要与拖拉机型号相适应，保证工作或升起时方轴与方轴套不致顶死，降落时也不致脱出。万向节安装时，应注意使中间的夹叉方位相同，以保证刀轴旋转均匀。

（六）旋耕机的使用

1. 旋耕机的调整。

（1）旋耕前的调整。①左右水平调整。将旋耕机降低，检查左右两端的刀尖离地高度，若不一致，可通过右提升杆摇把进行调整，使左右耕深一致。②前后水平调整。此调整的目的是使旋耕机下降到要求的耕深时，齿轮箱上的花键轴与动力输出轴相平行（即处于水平），使万向节及机组在有利条件下工作，调节方法是改变上拉杆的长度，使齿轮箱达到水平即可。③提升高度的调整。万向节倾斜角度变大时，本身消耗的功率就会很快增多，而且万向节容易损坏。因此，要求万向节在升起时的倾角不超过30°，一般只需刀尖离开地面20厘米左右即可转弯空行。为了操作方便，应将最高提升位置加以限制，即将拖拉机位调节扇形板上的限位螺钉固定在适当的位置上，使每次提升的高度保持不变。

（2）升降和深浅的调整。由于拖拉机液压机构的不同，旋耕机的升降和深浅的调整也不同，调整方法和注意事项如下：①与具有力调节、位调节液压系统的拖拉机配套时，应用位调节，禁止使用力调节，以免损坏旋耕机。当旋耕机达到需要耕深后，应用限位螺钉（手轮）将位调节手柄挡住，使每次耕深一致。②与具有分置式液压系统的拖拉机配套时，分配器手柄应放在浮动位置上，旋耕机的深浅用固定在油缸活塞杆上的定位卡箍来调节。下降或提升旋耕机时，手柄应迅速拌到"浮动"或"提升"位置，不可在"压降"或"中立"位置停留，以免损坏旋耕机。③碎土能力的调整。碎土能力与拖拉机前进速度及刀轴转速有关，一般情况下，应改变前进速度来调整碎土能力。如中间传动箱的速比可以调整，也可以用改变传动箱速比的方法来适应不同的土质和不同型号的拖拉机。在一般情况下，旱耕作业的前进速度选用2～3千米/小时，水耕或耙地作业选用3～5千米/小时。

2. 旋耕机使用注意事项。①田间作业转移旋耕机时，拖拉机应用低挡行驶，犁刀要离开地面。越过田埂、沟渠时，需将旋耕机动力置于分离位置，并将尾轮抬起，以免碰撞尾轮造成内管弯曲。②旋耕机开始作业时应先接合动力，使犁刀轴旋转，并使犁缓慢入土，以免产生冲击损坏犁刀。③旋耕机作业时应根据地块大小、土壤性质、作业要求及驾驶员的操作熟练程度来选择拖拉机速度，既要充分利用拖拉机的功率，又不能长期超负荷。严禁用高挡和倒挡进行作业。清除犁刀上的缠草时，应切断动力或停车。地头转弯时，应先减油门，提升旋耕机，使犁刀出土后，拖拉机再转弯。④平时应注意旋耕机各部分工作情况，经常检查犁刀及其他部分是否松动或变形，必要时及时紧固或校正。此外，石块、树根、杂草多的地块，不宜用旋耕机进行作业。

⚠ 温馨提示

旋耕机安全操作要点

（1）旋耕机作业，不准在起步前将刀片入土或猛放入土。

（2）作业时，不准急转弯，不准倒退。转弯或倒退时，应先将旋耕机升起，地头升降，须降低转速，不准提升过高。万向节两端传动角度不得超过30°。

（3）清除旋耕机上的缠草、杂物或紧固、更换犁刀时，须先切断旋耕机动力，在发动机熄火后进行。

（4）手扶拖拉机在地头转弯时，应先托起手扶架，使旋耕犁刀出土后，再分离转向离合器。

（5）田间转移或过埂时须切断动力，将旋耕机提升到最高位置。手扶拖拉机过埂时，驾驶员不准坐在座位上。

秸秆粉碎还田机

秸秆粉碎还田机是由拖拉机驱动的能将在田间直立或铺放的秸秆切碎并抛撒于田间的机器，如图4-10所示。

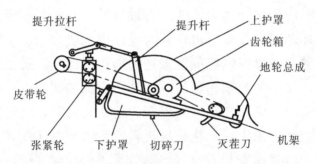

图4-10　秸秆粉碎还田机的结构

秸秆粉碎还田机按其与拖拉机的挂接方式，可分为悬挂式与半悬挂式。按工作部件的结构形式可分为锤片式与甩刀式。按工作部件的作业方式可分为卧式和立式。目前国内生产的多是卧式秸秆粉碎还田机。卧式秸秆粉碎还田机的刀片绕与机器前进方向垂直的水平轴旋转粉碎秸秆，立式秸秆粉碎还田机的刀片绕与地面垂直的轴旋转粉碎秸秆。

各种类型的秸秆粉碎还田机的工作过程基本相同。工作时，拖拉机动力输出轴的动力经万向节传至变速箱，再经齿轮、三角皮带两级增速后传给刀轴，驱动刀轴高速旋转。均布铰接在刀轴上的多把刀片随刀轴一起高速旋转而冲击切碎直立的作物秸秆，并连同铺放在田间的秸秆一起拾起切碎。切碎的秸秆经导流板的扩散作用，均匀地抛撒到田间。

（一）秸秆粉碎还田机的调整

秸秆粉碎还田机与拖拉机连接后，应首先调整还田机的横向水平、纵向水平和作业留茬高度。即调节拖拉机左右提升臂，使还田机左右成水平。调节拖拉机上拉杆长度，使还田机纵向接近水平。

刀片离地间隙可由地轮调整或拖拉机上拉杆调整。地轮的调整是移动地轮轴在机架侧板上的相对位置获得的。应根据土壤干湿、坚实度，作物种植形式，地表平整状况酌情调整。

作业前首先检查各零件是否完好，紧固件有无松动，并按使用说明书要求加注齿轮油和润滑油。

检查完毕后，应进行空载试运转 5～10 分钟，确认各部件运转状况良好后，方可进行作业。

作业时，禁止刀片打土，防止无限增加扭矩引起故障。若发现刀片打土，应调整地轮离地高度或拖拉机上拉杆长度。

（二）操作注意事项

（1）作业时，应先将还田机提升至刀片离地面 20～25 厘米高度时接合动力输出轴，转动 1～2 分钟，挂上作业挡，缓慢松放离合器踏板，同时操作液压升降调节手柄，使还田机逐步降至所需要的留茬高度，随之加大油门，投入正常作业。

（2）转弯前应先将还田机提升（注意不可提升过高），转弯后方可降落工作。还田机升降时应平稳操作。工作中禁止倒退。

（3）机具运转时，机后严禁站人或靠近旋转部位。

（4）合理选择作业速度，对不同长势的作物，采用不同的前进速度。

（5）作业时应注意清除缠草，避开土埂、树桩等障碍物。地头留 3～5 米机组回转地带。

（6）作业时听到有异常响声应立即停车检查，排除故障后方可继续作业。检查万向节、刀片及齿轮箱等零部件时，必须先切断动力。

（7）作业中，应随时检查皮带的张紧度，以免降低刀轴转速而影响粉碎质量或加剧皮带磨损。

■ 微耕机

微耕机是专门为果园、菜地、温室大棚、丘陵坡地和小块（水、旱田）作业而设计的。

微耕机由动力机、机架、可调高低扶手、驱动轮和耕作刀具等组成，可进行旋耕、犁耕、开沟筑垄作业。配上相应机具还可进行抽水、发电、喷药、喷淋、收割、起垄、铺膜、打孔、碎草、根茎收获、覆土、培土、开深沟、施底肥、除草碎土、偏培土、埋葡萄藤等作业。

微耕机以小型柴油机或汽油机为动力，以整体式变速齿轮箱或皮带离合器作为传动，具有质量轻、体积小等特点。

目前在国内生产和销售的微耕机机型主要有两款：一款是由风冷汽油机或水冷柴油机作为动力，皮带或链条式齿轮箱作为传动装置，配以耕作宽度为 500～1200 毫米的旋耕刀具，经济性较好。但多用途扩展能力有限，结构也较为简单，适合于经济条件较差、用途较为简单的地区。另一款是由风冷柴油机或大马力风冷汽油机作为动力，整机采用齿轮传动，动力损失小，配以耕作宽度为 800～1 350 毫米的旋耕刀具，耕幅宽，耕深大，适应性强，各种土质均能适应，部件钢性好，使用寿命长，该类机型价格较高，但扩展能力强，配备相应农具可完成旋耕、犁耕、播种、脱粒、抽水、喷药、发电和运输等多项作业，能实现真正的多功能、多用途。

（一）微耕机的磨合试运转

微耕机以轻便、灵活、多功能及价格低廉成为各地种田者的得力帮手，保有量较大。但因使用和保养不当，造成故障率过高而降低其功效的问题时有发生。

新的或大修后的微耕机，必须严格按照说明书的要求进行必要的磨合。通过运转磨合，使发动机和传动部件在良好的润滑条件下，经过缓慢的增加负荷，逐步磨去零件配合表面的不平部分，以便为机器的正常使用和延长寿命打下良好的基础。磨合是一个循序渐进的过程，必须从小油门低转速、低挡位、低负荷开始，逐步加大到高转速、高挡位、大负荷。不能为节省时间而把应该磨合的工序省去。

1. 磨合试运转前的检查。

（1）检查各零部件的紧固情况。

（2）根据使用说明书，检查各传动部位润滑油、燃油是否符合加注量要求。发动机油底壳的机油应处在机油尺上下刻度线之间。采用水冷发动机时，应检查冷却水量是否足够。

（3）检查并调整三角皮带的张紧程度及离合情况。

（4）检查轮胎气压。

（5）熟知各挡位。

2. 磨合试运转规范。

（1）窄运转。将主离合器处于"分离"状态，启动发动机。主机为汽油机时，先缓缓拉出手拉绳（避免使拉绳在保护罩上摩擦，以免损坏绳子），直到有重感，再猛然用力拉动启动绳。一次启动不了时，可稍停顿 1～2 秒再拉动启动绳，直至启动，并尽快使拉绳手柄回位。主机采用水冷柴油机时，用摇把先把活塞摇到上止点，然后用右手握住摇把，左手打开减压开关，右手用力摇动摇把，摇起后快速放开减压阀，发动机即可启动。将变速箱置于空挡位置，接合主离合器，使发动机转速逐渐由低到高运转 15 分钟。

（2）各挡位试运转。要在空旷平地上进行。将发动机调整到中等转速，先将变速箱变速手柄挂到Ⅰ挡（即最慢速）位置，然后缓慢接合主离合器，使微耕机向前试运转，时间不少于 30 分钟；在运转正常的情况下，再依次进行Ⅱ挡、倒退Ⅰ挡、倒退Ⅱ挡的试运转，每挡试运转时间不少于 30 分钟。

（3）主机与旋耕机连接试运转。安装旋耕机，安装主机与旋耕机连接链盒，用于转动无受阻现象，即可调整旋耕机尾轮，使旋耕刀离开地面，并将旋耕机变速箱处于"空挡"位置，然后接合至"前进"位置再使主机以Ⅰ挡行进，此时主机与旋耕机进行负荷运转，时间不少于 30 分钟。

（4）负荷试运转。在以上试运转正常情况下，即可进行田间旋耕作业。旋耕深度要逐渐加大，可按每 10 分钟加深 40 毫米的进度，直到最大耕深。

（二）微耕机的保养

由于微耕机工作的环境较恶劣，保养就显得尤为重要。微耕机在工作中，由于零部件互相摩擦震动，以及油、泥、水的侵袭，不可避免地要造成零部件的磨损；加之连接松动、腐蚀老化等现象，从而使微耕机技术状态变坏，功率下降，油耗增加，磨损加快，故障不断出现。为了防止和延缓上述故障情况的发生，就必须严格执行"防重于治，养重于修"的维护保养制度。

保养必须严格按照使用说明书保养的周期和内容来进行。每班作业后，都要检查各连接部分有无松脱，油、水、气有无泄露，发动机和齿轮箱的油耗与油质情况，并清理整机及附件上的污垢、杂草，对损坏的零部件要及时更换。然后将机器存放于库内，以避免风吹、雨淋和暴晒。

例如，曾有机手在作业后找修理人员，反映微耕机烧机油，启动困难，工作无力。经修理人员拆开机器检查后发现：发动机齿轮箱内的机油已成泥状，润滑困难；发动机的散热片通风孔全部堵塞，散热效果差；缸套，活塞严重磨损，动力不足。这是典型的保养不到位造成的故障。

⚠️ 温馨提示

微耕机错误的保养方法

（1）风冷机用水降温。有机手看到风冷机温度较高，担心损坏机器，用浇水的方法帮忙降温。这是非常错误的做法，因为用水骤然降温，缸套会突然收缩，容易发生拉缸、断环甚至缸套破裂的严重故障。

（2）不重视班保养。有的机手认为几天做一次保养就行了，其实，磨损是日积月累的过程，班保养同样重要。

（3）不重视燃油和润滑油的质量。燃油质量差，不仅使机器动力不够，而且加速了油泵和芯套的磨损；润滑油的好坏，直接影响机器的启动性能和使用寿命，一定要按照说明书指定的牌号规格进行加油。

（4）发动机偏盖垫使用密封胶不当。偏盖垫使用密封胶后，多余的胶容易进入齿轮箱，由于长时间的工作和机油泵的吸力，密封胶很容易堵塞机油进油孔，使曲轴和连杆得不到有效的润滑。因此，不要过多涂密封胶。

（5）燃油箱盖漏油用薄膜纸封死。封死油箱以后，长时间工作就在油箱内产生负压，导致进油不足，使机器在工作时冒黑烟，动力不足。因此，不能用薄膜纸封住燃油箱盖。

（6）柴油雾化不良只换油嘴。柴油雾化不良除油嘴问题外，多是由高压油泵磨损、压力小、油量少造成，因此若换了新油嘴后，仍有问题，就要检修高压油泵了。

（7）乱紧机体上的螺丝。微耕机多配备的是铝合金箱体的发动机，铝合金的硬度不及球墨铸铁，因此机体上的所有螺丝必须按照规定扭矩用力，特别是缸盖螺丝，若过度用力拧，就会"拉丝"，而且尽量不要在热机时紧螺丝。

（8）乱拆风冷机的导风罩和挡风板。有的机手不知导风罩和挡风板的作用，以为是挡泥土的东西，可要可不要，任意拆卸，致使风扇的风无法集中，失去了降温的效果。

（三）微耕机的操作

启动发动机前，要检查燃油、润滑油是否够量，各连接部位是否紧固，各操作系统是否灵活。检查后，启动发动机，并使发动机在怠速下运转 2～3 分钟，倾听运转声音有无异常，检查有无过热现象，确认正常后方可连接农具进行作业，具体按以下方法操作：

（1）启动发动机时，应先使离合器处于分离状态，并把变速杆放在空挡位置。

（2）在主离合器处于分离状态下先选择"前进"或"后退"挡。

（3）在运转过程中不允许加注燃油，以免引起火灾。

（4）移动作业中，操作者应注意脚步稳定，并确保对操纵系统的控制能力。

（5）在温室内使用时，应注意通风，以免废气滞留室内。

（6）选择"倒退"挡时，必须小油门缓慢起车。否则容易造成个别齿轮超负荷冲击，损坏机件，同时操作者身后必须保证有足够的空间，并随时准备控制切断离合器和油门供油，以免发生意外。

（7）在回转耕作时，应掌控好机器，避免倾倒。

（8）停机。先控制油门位置，使发动机转速降低，再把离合器处于分离状态，变速杆放在空挡位置，然后逐渐减小油门，将发动机停火开关推至"关"位置即可停车。主机为汽油机时，停车后使离合器接合，缓慢拉动启动器拉绳，使车停在有压缩感的地方，然后再将变速箱挡位放在空挡位置。

⊕ 温馨提示

微耕机错误的操作方法

（1）长时间超负荷作业。微耕机在水田和较硬的田块作业时，发现机器冒黑烟，就要及时减挡。

（2）发现异响时不停机检修。

（3）各种间隙没有及时调整正确。

（4）启动方法不正确。容易损坏启动拉盘，要严格按照说明书的要求启动。

（5）转向时不抬扶手，利用助力耕刀转弯。容易折断助力耕刀。

（6）长时间翘头工作。容易使发动机润滑不良。

（四）微耕机的存放

（1）趁热放出发动机底壳、变速箱中的润滑油。放出发动机燃油箱里的燃油。

（2）清洗机器外表的尘土、污垢，防止锈蚀。

（3）检查各部件情况，有损坏的进行修理或更换。并注入新机油，然后启动发动机运转 5 分钟，使机油流到各部分。

（4）在脱漆处涂抹防锈油或补刷防锈漆。在外部易生锈及传动部位（车轴、旋耕机轴等）涂机油。

（5）将皮带、链条放松。将消声器、空气滤清器口用塑料袋密闭包扎。

（6）将机器存放于通风、干燥的机库里。将轮胎气压减低，并支离地面。

3 播种机械作业技术

播种机械作业技术总体要求：①适时播种，不误农时。②播种量符合要求，排种器不损伤种子、且排种均匀。③播种深度符合要求，且均匀一致。④播种行距一致，无重播和漏播。⑤播种的同时尽量能进行施肥、打药、镇压等联合作业。

▌播种机的结构和类别

（一）播种机的结构

播种机一般由工作部件和辅助部件两大部分组成。以条播机为例（图 4 - 11），主要由机架、种肥箱、排种器、排肥器、输种（肥）

管、开沟器、覆土器、行走轮、传动装置、牵引或悬挂装置、起落机构和深浅调节机构等组成。该机主要用于条播麦类、高粱等谷物，在播种的同时能施颗粒或干粉状化肥。

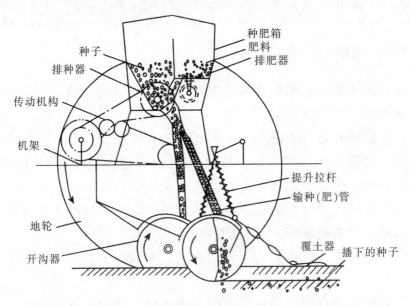

图 4-11　条播机的结构

（二）播种机的类别

1. 按播种方式分。可分为撒播机、条播机、点（穴）播机和精密播种机。

撒播是将种子漫撒于田间，种子分布不均匀，多用于牧草播种。

条播是将种子播成条行，小麦、谷子等多用此法播种。

点（穴）播机是将单粒或多粒种子点播成穴，常用于玉米、棉花、大豆等作物的播种。

近年来，精密播种技术得到了推广和应用，与之配套的有小麦精密播种机和玉米精密播种机等。精密播种是与普通播种的粗放性相比较来说的，在播种量、行距、株距、播深等方面都比较精确；比普通播种机播种量要少，在保证个体发育的田间光照及养料充足的情况下，实现个体的健壮成长，使得成穗足且大、果穗粒多而重，从而实现高产。精密播种可实现将精确的种子数准确地分配在行中，并保证播深一致，但对种子和土壤条件要求都很高。例如种子需进行精选分级和处理，以保证发芽率和出苗能力，土壤需肥水充足，并能有效防止病虫害的发生。

2. 按与拖拉机连接方式分。 可分为牵引式、悬挂式和半悬挂式播种机。

3. 按作业模式分。 可分为施肥播种机、旋耕播种机、免耕播种机和铺膜播种机等。

施肥播种机是在播种的同时可以施肥，实现联合作业，减少机具进地次数；旋耕播种机是在旋耕后的土壤中直接进行播种作业；免耕播种机是在没有耕翻的土壤中直接进行播种作业。

4. 按排种原理分。 可分为机械式、气力式和离心式播种机。

5. 按作物品种类型分。 可分为谷物播种机、棉花播种机、牧草播种机和蔬菜播种机等。

■ 播种机的操作

（一）使用前的检查

为了确保播种机能正常工作，在工作前应对各部分进行详细检查和保养，其内容有：

（1）检查各部件紧固情况和变形损坏情况，变形件应予以校正，损坏件应修复或更换。

（2）对各润滑点要进行润滑，加足润滑油。

（3）检查机架和开沟器有无变形和弯曲，机架应成矩形，对边平行度偏差不大于 5 毫米，对角线偏差不大于 10 毫米，开沟器梁弯曲度不得超过 10 毫米。可用拉线方法检查。

（4）地轮应成正圆形，其轴向和径向摆差应不大于 10 毫米，轴向间隙不超过 15 毫米，可将地轮支起并转动测定。

（5）检查传动机构的链条紧度是否适当，各链轮是否在同一平面。

（6）检查输种（肥）管是否齐全和有无变形或损坏。

（7）检查各开沟器距离是否相等，偏差不大于 5 毫米。

（8）检查各排种器、排肥器工作长度是否相等，其偏差不大于 0.3 毫米，排种舌与排种轮之间的间隙应一致。

（二）作业前的主要调整

播种机的调整根据当地农业技术要求进行，下面介绍播种机的一般调整方法。

1. 行距的调整。也就是开沟器的安装位置调整。调整前，应根据要求的行距和开沟器梁的有效长度，计算安装的开沟器个数。

$$N=\frac{L-b_1}{b}+1$$

式中：N——开沟器个数（取整数，小数点后舍去）；L——开沟梁的有效长度（等于开沟器梁的总长度减去一个开沟器拉杆的安装宽度），单位：厘米；b_1——开沟器拉杆安装宽度，单位：厘米；b——要求的行距，单位：厘米。

然后，找出播种机的中心线，并在开沟器的相应位置做上标记，从开沟器梁中间开始向两侧顺序安装开沟器。若 N 为单数，在梁的中心线处安装第一个前列开沟器；若 N 为双数，在梁的中心线左右两侧各半个行距处各安装一个开沟器，然后再按行距向两侧逐个安装。前后列开沟器必须相互错开安装。

对于开沟器拉杆已经变形的旧播种机，必须在开沟器固定后，将其落下，检查实际行距并进行校正。

2. 播种深度的调整。机具不同，播种深度调整方法也不同。有的播种机靠改变升降手柄的位置来调整播深；有的播种机是通过调整开沟器与镇压轮的相对位置来调整播深，如将镇压轮向下调，则开沟器入土浅，播深减小。

进行播深调整时，要注意各开沟器的播深是否一致，若不一致，则通过改变单个开沟器的安装位置或弹簧预紧力，使播深趋于一致。

3. 播种量的调整。以外槽轮式排种器为例，说明播种量的调整方法。

外槽轮式播种机的排种量主要取决于槽轮的工作长度（槽轮在排种盒内的长度）和转速。一般是先按播种量选好传动比，然后调整槽轮的工作长度以达到播量的要求。工作长度越长或槽轮转速越高，排种量越大。为了保证排种的均匀性、稳定性和低破碎率，应尽量采用较小的传动比和较大的槽轮工作长度。

（1）排种量一致性的调整。播种机一般都可一次进行 4～20 行的播种，要求每行的排种量一致，不能有多有少，因此对新投入使用的播种机，在进地播种前要检查这些排种器的排种量是否相同。检查方法是将播种机支起垫平，选好适宜的传动比和槽轮工作长度，在种箱内装入 8～10 厘米深的种子，转动地轮使排种器充满种子，清除排出的种子，装上接种袋，以接近播种机作业时的行驶速度转动地轮10～20 圈，称量每个排种器的实际排种量，称量精度为 0.5g，计算排种器排种量的平均值，比较各排种器实际排种量与平均值的差，不得超过 2%～3%，若超过要求，即各排种器的排种量差异较大时，则应分别调整单个排种槽轮的工作长度。然后再做检验，直到符合要求。调整后将槽轮两端的定位卡箍拧紧。

（2）排种量试验。播种前要进行排种量试验，以保证排种量符合单位面积播量的要求。进行排种量试验时，应将播种机水平支离地面，放下开沟器，在种箱内加入种子至种箱容量的 1/4 以上；转动几圈地轮，使排种器内充满种子，然后在各输种管下放置接种器，以接近实际工作的转速（一般为 20～30 转/分）均匀地转动地轮 10～20 圈后，称量所有容器内的种子。全部排种器的排种量应符合下式的要求，偏差不得超过 2%。

$$G=0.1\pi D(1+\delta)BnQ$$

式中：G——全部排种器的排种量总和，单位：克；Q——单位面积要求的播种量，单位：千克/公顷；B——工作幅宽，单位：米；π——圆周率（按 3.14 计算）；D——地轮直径，单位：米；δ——地轮滑移系数（按 0.05～0.1 计算）；n——试验时地轮转动圈数。

若实际承接的排种量与计算得出的不一致，呈过大或过小，可通过调整手柄轴向移动排种轴，同时改变各槽轮的工作长度，以便减小或增大排种量，然后再进行试验，直到符合要求。

（3）田间试播。由于播种机排种量调试与田间实际作业时的条件不完全相符，所以调试后还应进行田间试播，对播种量进行校核。校核方法如下：

首先，确定试播地段的长度（可选 20～30 米），并按下式计算该长度范围内的应播种子量：

$$q = \frac{QBL}{10\ 000}$$

式中：q——试播地段长度内应播的种子量，单位：千克；Q——要求的播种量，单位：千克/公顷；B——播种机工作幅宽，单位：米；L——试播地段长度，单位：米。

然后，在种子箱装入 10 厘米左右深的种子，将表面刮平，用铅笔在种箱侧壁上作出标记，再加入按上式计算出的应播种子量，刮平后进行试播；播完预定长度后停机，将种箱内的种子刮平，检查种子表面是否与所作标记相符，若不符，应调整排种轴轴向位置，即改变槽轮工作长度，然后对播量再次试验，直到相符。并把播种量调整手柄固定紧。

外槽轮式排肥器排肥量的调整与上述调整类似。

（三）播种机的行走路线

播种机作业时的行走路线有梭形播法、套播法、向心播法和离心播法，如图 4-12 所示。

1. 梭形播法。 机组沿一侧进地，依次往返穿梭到地块另一侧，最后播地头。这种播法较简单，不易漏播，实际播种中多采用此法，缺点是地头转弯的时间较长。

2. 套播法。 播种前将大地块分成双数等宽的播种小区，小区宽度应为播种机工作幅宽的整数倍，然后跨小区进行播种，此法机组不用转小弯，容易操作。

3. 向心播法。 又可称回形播法。机组从地块一侧进入，由外向

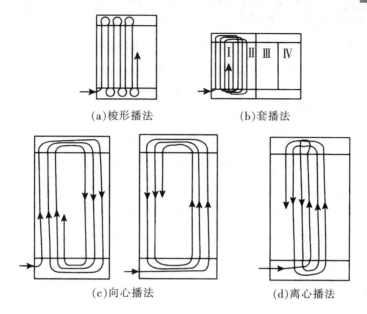

图 4-12　播种机行走路线

内一圈一圈绕行，到地块中间播完。机组可以采取顺时针绕行或逆时针绕行。

4. 离心播法。机组从地块中间开始由内向外绕行，可以采用顺时针绕行或逆时针绕行。

向心播法和离心播法地头空行少，但播前需将地块分成宽度为机组工作幅宽整数倍的小区。

（四）播种质量检查

1. 行距检查。拨开相邻两行的覆土，测量其种子幅宽中心距是否符合规定行距，其误差不得大于 2.5 厘米。

2. 覆土深度检查。在播种区内按对角线方向选取测定点（不少于十个测定点），拨开覆土，贴地表平方一直尺，用另一尺测量出已播种子到地表直尺的垂直距离，并计算出多个测定点的平均值，该值与规定覆土深度的误差不得大于 0.5～1 厘米。

3. 穴距和每穴粒数检查。每行选 3 个以上测定点，每个测定点的长度应为规定穴距的 3 倍以上；拨开各测定点覆土，逐穴检查种子粒数并测量穴距。每穴种子粒数与规定粒数相比，相差不超过1粒为合格，穴距与规定穴距相比相差在0～5厘米内为合格。精密播种机要求每穴一粒，穴距与规定穴距相差在0～0.2厘米为合格。

（五）操作要领

工作时，播种机随拖拉机行进，开沟器开出种沟，地轮通过传动装置，带动排种装置和排肥装置工作，将种肥排出，经输种（肥）管落入种沟，随后由覆土器覆土盖种。

悬挂式播种机的升降由拖拉机的液压机构控制。牵引式条播机都装有开沟器起落机构和传动离合器（如内闸轮式升降器），用以操纵开沟器的升降和动力离合：运输时开沟器升起，离合器分离，停止排种和排肥；工作时开沟器降落，接合离合器，排种器和排肥器进行工作。

谷物条播机常用行走轮驱动排种器，这样可使排种器排出的种子量与行走轮的距离保持一定的比例，以保证单位面积上的播种量均匀一致。谷物条播机的行走轮直径较大，这是由于谷物条播的行距较窄，在一台播种机进行多行播种时，排种器常采用通轴传动，需要较大的传动力矩；同时，直径较大的轮子可以减少转动时的滑移现象，使排种均匀性好，以保证种子在行内分布均匀一致。

(!)温馨提示

播种机安全操作要点

（1）拖拉机与播种机之间必须设置联系信号。

（2）连接多台播种机时，各连接点必须刚性连接，牢固可靠，并设置保险链。

（3）工作中，不许用手伸入种子箱或肥料箱去扒平种子或肥料，排种装置及开沟器堵塞后，不准用手或金属件直接清理。进行清理或保养时，开沟器必须降至最低位置。

（4）播种机开沟器落地后，拖拉机不准倒退，地头转弯时须升起开沟器和划印器，不许转圈播种。

（5）播种药种子或播种兼施化肥时，机手须穿戴好防护用品，作业后要洗净手、脸。

（6）转移地块或短距离运输，开沟器必须处在提升位置，并将升降杆固定，长距离运输，必须装车运送。

4 水稻插秧机作业技术

水稻插秧机的作业技术要求：①株行距符合当地要求，株距应可调节。②每穴有一定的株数，并能在一定范围调节。③插秧深度要适当、一致，并能在一定范围调节。④秧苗要插直、插稳，均匀一致，漏秧率低于 2%，勾秧、伤秧率低于 15%。⑤功效高，适应性、通用性、可靠性好。

■ 水稻插秧机的类型

水稻插秧机的类型很多：①按动力分，有人力插秧机和机动插秧机。②按用途分，有大苗插秧机、小苗插秧机及大小苗两用插秧机。③按取秧器分，有钳夹式和梳齿式。④按分插原理分，有横分往复直插式和纵分直插式。其中纵分直插式又分为往复直插式和滚动直插式。直插是指插秧过程中秧爪运动轨迹与地面垂直插下，基本上没有水平位移，然后略微向后上方脱秧提升出土，回到原取秧位置。往复是指取秧器的运动方向是往复运动形式。滚动是指取秧器的运动方向是滚动（回转）形式。横分是指分取秧苗的运动轨迹，垂直于秧苗茎秆的轴线方向。纵分是指分取秧苗的运动轨迹，平行于秧苗茎秆的轴线方向。

■ 水稻插秧机的结构

以 2ZT-9356 型独轮乘坐式机动插秧机为例，其结构如图 4-13

所示，由动力行走部分和插秧工作部分组成。插秧工作部分由分插机构、移箱机构、送秧机构、秧箱、提升机构等组成；动力行走部分由发动机、行走传动箱、驱动轮（或称地轮）、操纵装置、牵引架和船板或浮板等组成。该机适合于盘育中小苗带土栽插。

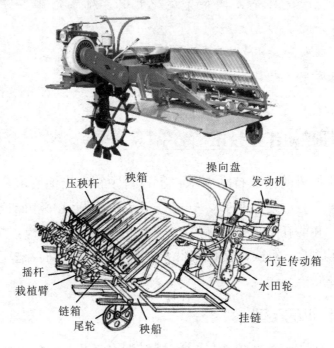

图 4 - 13　2ZT - 9356 型水稻插秧机

📑 水稻插秧机的操作

水稻插秧机的工作过程是：当离合器接合时，发动机的动力经传动机构到分插机构后，秧爪动作。分离针通过分插机构的控制进入秧箱，进行取秧、分秧，分秧后分离针带着秧苗离开秧门继续运动。当分离针处于最低位置时，推秧器动作，将秧苗从分离针上推出植入稻田。当分离针每次从秧门进入秧箱取秧后，横向送秧机构连续横移进行横向送秧。当秧箱从一端移到另一端时，纵向送秧机构动作，实现纵向送秧。如此循环完成整个插秧过程。

以 2ZT - 9356 型机动插秧机为例，操作要求如下：

（1）驾驶员和装秧手应严格遵守说明书中"安全使用插秧机须知"和"使用中的注意事项"中规定的内容，且必须经过技术培训，掌握插秧机的理论基础、结构原理、操作使用、维护保养、管理和维修技术。

（2）每次作业前，认真检查机器，确认机器正常（紧固件无松动、各部间隙适当、润滑部位充分注油）后，方可投入作业。

（3）插秧机到达作业田块进入秧田前，先拆下尾轮，更换叶轮，然后慢挡驶入水田。

（4）根据农业要求和田块情况，确定插秧行走路线和转移地块的进出路线。

（5）插秧作业时，靠田边留出一幅作业宽度，地头两端也留下一幅作业宽度，最后绕田周边作业。作业行驶要直，尤其是头一趟，边界靠行间隔一致，不压苗。

（6）插秧作业到最后两趟、不足两幅作业宽度时，通知装秧手，预先取出靠边处秧箱内的秧苗，相应减少作业行数，留下田边最后一幅作业宽度，以便最后绕周边作业。

（7）装秧时，空秧箱装秧必须把秧箱移到一头，让分离针空取秧一次后加入秧苗。装秧时，秧片要紧贴秧箱，不能拱起。压秧杆与秧片间留有5～8毫米间隙。加秧要及时，两块秧片接头处要对齐，不留间隙。装、加秧苗时不要弄碎秧片，让秧苗自由下滑，必要时在秧苗与秧箱之间加水润滑。

■ 水稻插秧机的维护与保管

（一）水稻插秧机的维护与保养

每班和工作季度结束后，应按机具说明书的要求进行维护保养。

（1）发动机工作半天应检查润滑油（油尺标记中线），一个季节更换一次。对于新机器，工作30亩*时更换机油。

---

　　* 亩为非法定计量单位，1亩＝666.7米^2。

（2）行走系统机器工作 30 亩应检查传动箱油面（油孔溢出润滑油），一个季节更换一次；V 带紧度（手指应压下 15～25 毫米）、螺栓紧度一般在机器工作 30 亩时进行检查，每季结束时也应进行检查或更换。

（3）工作部件：①传动箱油面在机器工作 30 亩时进行检查，每季进行更换，更换时应放出沉淀，加足润滑油。②分离针秧门的间隙（两侧间隙应均匀，为 1.25～1.75 毫米），分离针与秧苗侧壁的间隙（两侧间隙应均匀，为 1～1.5 毫米）、取秧数（用标准块测量，六个分离针应取秧一致）、分离针与推秧器的间隙（提开时，间隙不大于 1.5 毫米）、推秧器行程（不小于 16 毫米，推出时不超出分离针 3 毫米）每半天检查一次，其中分离针与秧门的间隙、取秧量在机器工作 30 亩左右要检查调整。③传动中各固定螺母半天应进行检查，不允许松动。④在工作 30 亩时，还应检查链轮箱（应使链轮挂油）和栽植臂（应使拨叉处不缺油）。

（二）水稻插秧机的保管

插秧机受农时季节限制，一年工作时间很短，停放时间很长。为防止锈蚀、断裂、橡胶老化及零部件变形，必须妥善保管。长期保管的要求如下：

（1）外表清洗干净，不得有油污。摩擦零部件（分离针、推秧器、秧门、移箱轴、送秧轴、抬把、送秧轮等）表面涂以黄油。

（2）放净柴油、润滑油。

（3）卸下 V 带，单独存放。

（4）润滑有关部位，按润滑表向润滑点注油。

（5）封闭气缸。用少量无水机油加入进气道，摇动曲轴，使机油附在活塞顶部、气缸内壁及气门密封座，封闭气缸。

（6）清洗空气滤清器内腔及滤网，然后将空气滤清器、消音器、油箱口用布包好，以防灰尘进入。

（7）将离合器放在"合"的位置，变速杆放在空挡位置，定位离合器也放在"合"的位置，秧箱放在中间位置，栽植臂放在推秧位置，以防止弹簧弹力减退。

（8）秧船平放垫起，将轮胎离地支撑。

⚠ 温馨提示

水稻插秧机安全操作要点

（1）发动机启动时，主离合器和插秧部分离合器手柄须放在分离位置。

（2）地头转弯时须将工作部件动力切断，升起分插轮，过田埂时须将机架抬起。

（3）装秧人员的手、脚不准伸进分插部位。

（4）运输时须将插秧部分离合器分离，装好运输轮和地轮轮箍。

（5）检查、调整、保养及排除故障时，必须熄火停机进行。

5 联合收获机械作业技术

■ 小麦联合收获机

（一）收获机使用前的准备

小麦联合收获机作业前，应进行空转磨合、行走试运转和负荷试运转。

1. 空转磨合。

（1）机组运转前的准备工作。①摇动变速杆使其处于空挡位置，打开籽粒升运器壳盖和复脱器月牙盖，滚筒脱粒间隙放到最大。②将联合收获机内部仔细检查清理。③检查零部件有无丢失损坏，机器有无损伤，装配位置是否正确，间隙是否合适。④检查各传动三角带和链条（包括倾斜输送器和升运器输送链条）是否按规定张紧，调整是否合适。⑤用手拉动脱粒滚筒传动带，观察各部件转动是否灵活。

⑥按润滑表规定对各部位加注润滑脂和润滑油。⑦检查各处尤其是重要连接部位紧固件是否紧固。

（2）空转磨合。检查机器各部位正常后，鸣喇叭使所有人员远离机组，启动发动机，待发动机转动正常后，调整油门使发动机转速为600～800转/分，接合工作离合器，使整个机构运转，逐渐加大油门至正常转速，自走式联合收获机运转20小时（悬挂式联合收获机运转30分钟以上）。此间应每隔30分钟停机一次进行检查，发现故障应查明原因并及时排除。

（3）检查。磨合过程中，应仔细观察是否有异响、异振、异味，以及"三漏"（漏油、漏气、漏水）现象。运转过程中应进行以下操作和检查：①缓慢升降割台和拨禾轮以及无级变速油缸，仔细检查液压系统工作是否准确可靠，有无异常声音，有无漏油、过热及零部件干涉现象。②扳动电器开关，观察前后照明灯、指示灯、喇叭等是否正常。③反复接合和分离工作离合器、卸粮离合器，检查接合和分离是否正常。④检查各运转部位是否发热，紧固部件是否松动，各V带和链条张紧度是否可靠，仪表指示是否正常。⑤联合收获机各部件运转正常后应将各盖关闭，栅格凹版间隙调整到工作间隙之后，方可与行走运转同时进行。

2. 行走试运转。 联合收获机无负荷行走试运转，应由Ⅰ挡起步，逐步变换到Ⅱ挡、Ⅲ挡，由慢到快运行，还要穿插进行倒挡运转。要经常停车检查并调整各传动部位，保证正常运转。自走式联合收获机此间运行时间为25小时。

3. 负荷试运转。 联合收获机经空转磨合和无负荷行走试运转，一切正常后，就可进行负荷试运转，也就是进行试割。负荷试运转应选择地势较平坦、无杂草、小麦无倒伏且成熟程度较一致的地块进行。有时也可先向割台均匀输入小麦以检查喂入和脱粒情况，然后进行试割。当机油压力达到0.3兆帕、水温升至60℃时，开始以小喂入量低速行驶，逐渐加大负荷至额定喂入量。应注意无论负荷大小，发动机均应以额定转速全速工作，试割时应注意检查调整割台、拨禾轮高度、滚筒间隙大小、筛孔开度等部位，根据需要调整到要求的技术状态。负荷试运转应不低于 15 小时。切记：收割作业时，拖拉机使用Ⅰ挡、Ⅱ挡。

经发动机和收获机的上述试运转后，按联合收割机使用说明书规定，进行一次全面的技术保养。自走式联合收获机需清洗机油滤清器，更换发动机机油底壳的机油。

按试运转过程中发现的问题对发动机和收获机进行全面的调整，只有在确保机器技术状态良好的情况下，才可正式投入大面积的正常作业。

（二）割前准备

1. 麦收出发前的准备。机组磨合试运转及相关保养，符合技术要求。

麦收之前要根据情况确定是在当地作业还是跨区作业，提前制订好作业计划，并进行实地考察，提前联系。确定好机组作业人员，一般小麦联合收获机需要驾驶员 1~2 名，辅助工作人员 1~3 名，联系配备 1~2 辆卸粮车。出发之前要准备好有关证件（身份证、驾驶证、行车证、跨区作业证等）、随机工具及易损件等配件，做到有备无患。

2. 作业地块检查和准备。为了提高小麦联合收获机的作业效率，应在收获前把地块准备好，主要包括下列内容：

（1）查看地头和田间的通过性。若地头或田间有沟坎，应填平和平整，若地头沟太深应提前勘察好其他行走路线。

（2）捡走田间对收获有影响的石头、铁丝、木棍等杂物。查看田间是否有陷车的地方，做到心中有数，必要时做好标记，特别是夜间作业一定要标记清楚。

（3）若地头有沟或高的田埂，应人工收割地头。若地块横向通过性好可使用收获机横向收割，不必人工收割。人工收割电线杆及水利设施等周围的小麦。

（4）查看小麦的产量、品种和自然高度，以作为收获机进行收获前调试的依据。

3. 卸粮的准备。①用麻袋卸粮的小麦联合收获机，应根据小麦总产量准备足够的装小麦用的麻袋，和扎麻袋口用的绳子。②粮仓卸粮的小麦联合收获机，应准备好卸粮车。卸粮车车斗不宜过高，应比卸粮筒出粮口低1米左右。卸粮车的数量一般应根据卸粮地点的远近确定，保证不因卸粮造成停车而耽误作业。

（三）田间作业

1. 联合收获机入地头时的操作。

（1）行进中开始收获。若地头较宽敞、平坦，机组开进地头时可不停车就开始收割，一般应在离麦子10米左右时，平稳地接合工作离合器，使联合收割机工作部件开始运转，并逐渐达到最高转速，应以大油门低前速度开始收割，不断提高前进速度，进入正常工作。

（2）由停车状态开始收割。若地头窄小、凹凸不平，无法在行进中进入地头开始收割，需反复前进和倒车以对准收割位置，然后接合工作离合器，逐渐加油门至最大，平稳接合行走离合器，开始前进，逐渐达到正常作业行进速度。

（3）收获机的调整。收获机进入地头前应根据收割地块的小麦产量、干湿程度和高度对脱粒间隙、拨禾轮的前后位置和高度等部位进行相应的调整。悬挂式小麦联合收获机应在进地前进行调整，自走式小麦联合收获机可在行进中通过操纵手柄随时调整。

（4）要特别注意收获机应以低速度开始收获，但开始收割前发动机一定要达到正常作业转速。使脱粒机全速运转。自走式小麦联合收获机，进入地头前，应选好作业挡位，且使无级变速降到最低转速。需要增加前进速度时，尽量通过无级变速实现，以避免更换挡位，收获到地头时，应缓慢升起割台，降低前进速度以拐弯，但不应减小油门，以免造成脱粒机滚筒堵塞。

2. 联合收获机正常作业时的操作。

（1）选择大油门作业。小麦联合收获机收获作业应以发挥最大的作业效率为原则，在收获时应始终以大油门作业，不允许以减小油门的方式来降低前进速度，因为这样会降低滚筒转速，造成作业质量降低，甚至堵塞滚筒。如遇到沟坎等障碍物或倒伏作物需降低前进速度时，可通过无级变速手柄使前进速度降到适宜速度，若达不到要求，可踩离合器摘挡停车，待滚筒中小麦脱粒完毕时再减小油门挂低挡位减速前进。悬挂式小麦联合收获机也应采取此法降低前进速度。减油门换挡要快，一定要保证再次收割时发动机加速到规定转速。

（2）前进速度的选择。小麦联合收获机前进速度的选择主要应考虑小麦产量、自然高度、干湿程度、地面情况、发动机的负荷、驾驶员技术水平等因素。无论是悬挂式还是自走式小麦联合收获机，喂入量是决定前进速度的关键因素。前进速度的选择不能单纯以小麦产量为依据，还应考虑小麦切割高度、地面平坦程度等因素。一般小麦亩产量在 300～400 千克时可以选择 II 挡作业，前进速度为 3.5～8 千米/小时；小麦亩产量在 500 千克左右时应选择 I 挡作业，前进速度为 2～4 千米/小时；一般不选择 III 挡作业，当小麦产量在 250 千克以下时，地面平坦且驾驶员技术熟练，小麦成熟好时可以选择 III 挡作业，但速度也不宜过高。

（3）不满幅作业。当小麦产量很高或湿度很大，以最低速前进发动机仍超负荷时，就应减少割幅收获。就目前各地小麦产量来看，一般减少到 80％的割幅即可满足要求，应根据实际情况确定。当收获正常产量小麦，最后一行不满幅时，可提高前进速度作业。

（4）潮湿作物的收获。当雨后小麦潮湿，或小麦未完全成熟但需要抢收时，由于小麦潮湿，收割、喂入和脱粒都增加阻力，应降低前进速度。若仍超负荷，则应减少割幅。若时间允许应安排中午以后，作物稍微干燥时收获。

（5）干燥作物的收获。当小麦已经成熟，过了适宜收获期，收获时易造成掉粒损失，应将拨禾轮适当调低，以防拨禾轮板打麦穗而造成掉粒损失，即使收获机不超负荷，前进速度也不应过高。若时间允许，应尽量安排在早晨或傍晚，甚至夜间收获。

！温馨提示

收获作业中注意观察检查机器工作状态是否正常

驾驶员进行收获作业时，要随时观察驾驶台上的仪表、收割台上的作物流动情况和各工作部件的运转情况，要仔细听发动机的声音、脱粒滚筒以及其他工作部件的声音，有异常情况应立即停车排除。驾驶员应特别注意发动机和脱粒滚筒的声音。若听到发动机声音沉闷、脱粒滚筒声音异常，看到发动机冒黑烟，说明滚筒内脱粒阻力过大，应降低前进速度，加大油门进行脱粒，待声音正常后，再进行正常作业。

(6) 割茬高度和拨禾轮位置的选择。当小麦自然高度不高时，可根据当地的习惯确定合理的割茬高度，可把割茬高度调整到最低，但一般不宜低于15厘米。当小麦自然高度很高，小麦产量高或潮湿，小麦联合收获机负荷较大时，应提高割茬高度，以减少喂入量，降低负荷。

(7) 过沟坎时的操作。当麦田中有沟坎时，应适当调整割台高度，防止割刀吃土或割麦穗。当机组前轮压到沟底时会使割台降低，应在压到沟底的同时升高割台，直至机组前轮越过沟时，再调整割台至适宜高度。机组前轮压到高的田埂时，应立即降低割台，机组前轮越过田埂时，应迅速升高割台，并且操作要快，动作要平稳。

3. 倒伏谷物的收获。 横向倒伏的作物收获时，只需将拨禾轮适当降低即可，但一般应在倒伏方向的另一侧收割，以保证作物分离彻底，喂入顺利，减少割台碰撞麦穗而造成的麦粒损失。

纵向倒伏的作物一般要求逆向（小麦倒向割台）收获，但逆向收获需空车返回，严重降低了作业效率。当作物倒伏不是很严重时，应双向收获。逆向收获时应将拨禾轮板齿调整到向前倾斜15°～30°的位置，且将拨禾轮降低和向后；顺向收获时应将拨禾轮的板齿调整到向后倾斜 15°～30°的位置，且将拨禾轮降低和向前。

◗ 玉米联合收获机

（一）割前准备

每天出车前要对机组进行全面的技术保养，这样能使机器保持良好的技术状态，减少故障，提高效率，延长机组使用寿命。

（1）按照拖拉机使用说明书，对拖拉机进行班次保养，并加足燃油、冷却水和润滑油。

（2）清洗拖拉机散热器。由于拖拉机工作时环境恶劣，草屑和灰尘多，容易引起散热器堵塞，造成发动机散热不好，水箱开锅。因此必须经常清洗散热器，也可附加收割机专用散热器。

（3）清洗空气滤清器。同样是上述原因，拖拉机空气滤清器也容易失效，灰屑堵塞滤网。轻则使柴油机功率下降，拖拉机冒黑烟，重则柴油机启动困难，工作中自动熄火。因此必须经常对滤清器进行清洗，也可另外准备一个滤网，每 4～6 小时更换、清洗一次，或适当加高滤清器风筒。

（4）检查收获机各紧固件、连接件、传动件等是否松动，脱落，有无损坏，各部分间隙、距离、松紧是否符合要求。

（5）检查各焊合件是否有裂缝、变形，易损件是否损坏，切碎器锤爪、传动带、各部链条、齿轮、钢丝绳有无严重磨损，并排除故障隐患。

（6）启动柴油机，检查升降提升系统是否正常，各操纵机构、指示标志、仪表、照明、转向系统是否正常，然后接合动力，轻轻松开离合器，检查各运动部件、工作部件是否正常，有无异常响声等。

（二）田间作业

（1）悬挂式玉米联合收获机在长距离行走及运输过程中，应将割台和切碎器钩挂在后悬挂架上，并且只能中速行驶，机组人员除一名驾驶员外，其他部位不允许坐人。

（2）在进入地块收割前，驾驶员要了解待割地块的基本情况，如地形、品种、行距、成熟程度、倒伏情况，地块内有无木桩、石块、田埂、未经整平的沟，是否有可能陷车的地方等，应尽量选择直立或倒伏轻的田块收割。收割前将地块内倒伏的玉米穗和两头的玉米穗摘下运出，然后进行机械收获。

（3）在机具进入田块后，应再次试运转，并使柴油机转速稳定在正常工作转速，方可开始收割，严禁超转速工作。

（4）应先用低Ⅰ挡，在地块中间开出一条车道，便于卸粮车和人员通过，然后割出地头，便于地头转弯。

（5）试割期间，先采用低Ⅰ挡，如果工作正常再适当提高一个挡位。收割一段距离后，应停车检查收获质量，观察各部位调整是否适当。

（6）工作中驾驶员应灵活操作液压手柄，使割台和切碎器适应田块的要求，并避免切碎器锤爪打土，扶禾器、摘穗辊碰撞硬物，造成损坏。

（7）收获机到地头时，不要立即减速，而应继续保持作业部件高速运转前进一段距离，以使秸秆被完全粉碎。

（8）柴油机水温超过 90℃时，应停车清洗散热器，并及时补充冷却水，但不要立即打开水箱盖，以免烫伤手、脸，而应冷却一段时间后再打开水箱，补充冷却水。

参考文献

董克俭.2009.农业机械田间作业实用技术手册.北京：金盾出版社.

胡霞.2010.新型农业机械使用与维修.北京：中国人口出版社.

施森保.2008.播种机械作业手培训教材.北京：金盾出版社.

张文长.2001.安全使用技术.北京：人民交通出版社.

单元自测

1. 圆盘耙的耙深如何调整？
2. 旋耕机在使用中要注意哪些事项？

3. 秸秆粉碎还田机在使用前如何调整？

4. 微耕机的启动步骤是什么？

5. 如何检查播种机播种作业时的播种质量？

6. 水稻插秧机作业时的操作要点是什么？

7. 驾驶联合收获机如何进行田间作业？

技能训练指导

一、微耕机的使用

（一）训练场所

微耕机作业场地。

（二）设备材料

微耕机（1台）、扳手、纱布、起子、清洗剂等。

（三）训练目的

熟练掌握微耕机安全使用的操作步骤和注意事项。

熟练掌握微耕机的技术保养。

（四）训练步骤

1. 使用准备。在操作使用前，首先必须熟读说明书，严格按说明书的要求进行磨合保养。作业前检查机器各连接紧固件是否紧固，切记一定要将螺栓拧紧（包括行走箱部分、压箱部分、发动机支撑连接部分、发动机消声器、空滤器等）。

2. 启动机器。将机头、机身置于水平位置，检查是否加足机油、齿轮油，不能多加，也不能少加；检查有无漏油（机油、柴油、齿轮油）现象。燃油箱不能加汽油，必须加0号柴油。使用前应在空滤器其底部加0.1升CC级机油。发动机启动时，换挡杆置于空挡位置；换挡时必须先断开离合器；需倒挡时，换挡杆必须置于空挡位置。冬季发动机不易启动时，可烧壶开水淋油嘴或向燃烧室注0.5～1.0毫升CC级机油，即可正常启动。

3. 机器作业。作业过程中，中间换人，与人交谈，清除杂草缠绕刀架时，一定要确认在空挡上，不要在挂挡的情况下抓紧离合器，应在机器不前进时或熄火时进行。新机不准大负荷作业，田间转移应换轮胎，特别是坡上作业应防止微耕机倾倒伤人。

4. 作业后保养。新发动机在正常工作作业 20 亩地后，必须热机更换机油和齿轮油，否则冷机不能排尽机体内的残余机油；80～100 亩后更换第二次；连续作业 3～5 天后必须清洗空滤芯器，400～700 亩以后进行油泵、油嘴压力核对及气门间隙的检查调整，必要时更换活塞环、气门和连杆瓦。

每季作业完成后，应注意清除微耕机上的泥土、杂草、油污等附着物，保持整机清洁，同时检查并紧固各紧固件螺栓，并用薄膜或其他东西盖好，以防止日晒、雨淋而生锈。

二、播种机的使用

（一）训练场所

播种机作业场地。

（二）设备材料

播种机（1 台）、配套拖拉机（1 台）、扳手、纱布、起子、清洗剂等。

（三）训练目的

熟练掌握播种机安全使用的操作步骤和注意事项。

熟练掌握播种机的技术保养。

（四）训练步骤

1. 作业前。首先要选择与机具相匹配的拖拉机和万向节。机具与动力配套后，通过调整拖拉机悬挂机构的左右拉杆及中央斜拉杆长度来使机架左右、前后保持水平状态。

2. 起步时。要在机具刀具离地 15 厘米时接合动力输出轴，使其空转 1 分钟，挂上工作挡，缓慢松开离合器踏板；同时操作拖拉机液压升降调节手柄，随之加大油门，使机具逐步入土，直到正常播深。

3. 作业时。机具的前进速度不宜太快，一般应保持在 1～3 千米/小时，在行驶中要保持匀速直线前进，尽量避免中途变速或停机。如确需停机，切勿将机具前后移动，以免造成重播或漏播。

4. 地头转弯时。 应先切断机具动力，将机具升起后再转弯；机具下落时，应先使刀具转动正常后再入土，并做到在行进中缓慢下降，切忌急降机具，以免损坏刀具和使种、肥开沟器堵塞。

5. 作业中。 注意及时加种、肥，注意检查排种（肥）器、输种（肥）管的情况和播种质量，注意观察机具工作情况。发现异常，切断机具动力，及时维修并排除故障。必要时，可熄灭拖拉机。当土壤相对含水率超过70％时，应停止作业。机组在工作状态下不可倒退，人员不得靠近运转部件，机具后面严禁站人。机具转移地块时，应将机具升起至最高位置，并用锁紧装置将农具锁定在运输位置。

6. 作业后。 机具每工作一个班次，应检查各紧固件、旋转刀具、齿轮箱油位，向各轴承注油嘴、万向节伸缩管、链条等部位加注润滑油、润滑脂。每次作业完毕后，要及时清除分草圆盘、开沟器和镇压轮上的泥土，要特别注意将排肥系统清洗干净。

三、麦稻联合收获机重要部件的调整

（一）训练场所

联合收获机作业场地。

（二）设备材料

小麦联合收获机（1台）、扳手、纱布、起子、清洗剂等。

（三）训练目的

熟练掌握麦稻联合收获机各个部件的调整操作步骤和注意事项。

（四）训练步骤

1. 调整拨禾轮。

（1）拨禾轮的高低调节。拧下拨禾轮臂与支撑架上的连接螺栓，上下移动拨禾轮，调到合适位置后再重新紧固。调整后，拨禾轮左右高度应一致。

（2）拨禾轮的前后调整。先松开拨禾轮传动胶带上的张紧轮，然后放松轮臂上的支撑座螺栓，便可前后移动拨禾轮，使之移到需要的位置。调整后，将各螺栓拧紧，并张紧传动胶带。

（3）拨禾齿倾斜角的调整。松开偏心板上的固定螺栓，便可把拨

禾齿调节到合适的倾斜角，调整后拧紧固定螺栓。

在进行上述三种调节时，都需要注意拨禾齿不得碰到切割器及割台搅龙。

2. 调整切割器。

（1）护刃器及动刀片的调整。调整时可用一管子套在护刃器尖端去掰直，也可用手锤敲打使之平直。注意将动刀片和定刀片严密贴合，其前端间隙不超过 1.5 毫米，动刀片与压刃器之间应有不超过 0.5 毫米的间隙，压刃器的调整方法可用手锤敲打。如果按上述方法还达不到要求，可用在支撑切割器横梁与摩擦片之间增加调整垫片来实现。当调整正确后，用手推拉就能使割刀在护刃器槽内移动，并且在收割过程中切割器不塞草。

（2）刀杆前后游动调整。刀杆与摩擦片之间的间隙为 0.3～0.5 毫米，出厂时已调整好。当机器使用较长时间后，摩擦片侧边磨损，刀杆往复运动。前后游动严重时应更换摩擦片。

（3）刀片位置的调整。切割器的动刀片中心线与护刃器尖中心线不重合度应≥5 毫米。

3. 割刀传动机构的检查与调整。 调整方法是用手转动皮带轮，促使摆杆摆动。当动刀杆至左（或右）极限位置时，松开螺母，调整连杆和球座的相对位置，使动刀片中心线与护刃器中心线重合（动刀片中心线与护刃器中心线的重合度不能大于 5 毫米），然后锁紧螺母。垫片与摆杆的间隙为 0.3～0.5 毫米，当因磨损而间隙增大而出现明显晃动时，可更换垫片来调整，以其活动自如为止。

4. 割台搅龙的调整。

（1）龙叶片与底板间隙调整。调整时，要松开割台左侧浮动滑块下面螺栓的锁紧螺母，调节螺栓，顶起或放下滑块，保证搅龙在最低位置时叶片与底板的间隙（割台搅龙叶片与割台底板间隙为 15～20 毫米）。搅龙左端有滑块螺栓横穿着，此螺栓只起导向作用，用户千万不能将其锁紧，以免搅龙不能浮动而产生堵塞。

（2）伸缩杆偏心位置调整。调整时，要松开短轴左端调节块弧形槽上的紧固螺栓，转动调节块，使左、右拐臂及调节轴相对搅龙体中心转过一定角度，改变伸缩杆伸出的方位。拐臂的方位是与调节块上的键槽方向一致的，因此根据键槽方位便可判断伸缩杆的伸出方位，调整后需紧固螺栓。

5. 输送链条的调整。输送链条正常工作的张紧程度是以链条下垂弧形部位的耙齿能轻轻挂到底板为宜。若需张紧，松开两侧张紧调节螺杆的后锁紧螺母，拧紧前锁紧螺母，把支撑板推向前，使链条张紧，两条链条的张紧程度应一致。若要松弛，将上述方法进行相反操作。调整后，把调节螺杆上的螺母锁紧并做试运转。检查输送带是否跑偏时，应张紧松边链条，或者放松紧边链条。例如，输送链条向右跑时，应将右侧调节杆推向前，张紧右边链条，或者进行相反调节，放松左边链条。

6. 脱粒部件的调整。主要调整的部位是脱粒滚筒、风扇、滚筒盖和振动筛。

7. 割送脱离合机构的操纵与调整。调整时将操纵手柄放在"合"的位置，旋松分离杠杆上的锁紧螺母，用扳手旋转螺母进行调整。

学习
笔记

_____

_____

_____

_____

_____

_____

_____

_____

_____

_____

_____

_____

_____

模块五
农业机械维护保养技术

农业机械是一种技术含量高、结构相对复杂的专门化生产工具，一般进行作业的工作条件比较恶劣，操作人员的使用技术水平和专业知识素质差别较大。同时，作为一种生产工具，随着使用期限的延长，机械零部件也会因正常磨损而引起使用性能下降，影响到正常使用。所以，农业机械的使用管理中缺少不了维修保养这个环节。

维修保养大致可以分成两部分内容：一部分是技术保养，即机手在使用过程中对机具能够做到合理保管、日常检修、定期维护保养及正确的操作使用，这样可延长机具使用寿命，提高机具应用效果。另一部分是修理，即靠机手自身的条件和手段不能够解决的维修内容，如机具主要部件损坏的修复或换件修理，使用到一定期限后进行的中、大修及检测调整等，就必须到专门的农机维修服务点，请专业人员修理。

农业机械的维护保养要按照"防重于治、养重于修"的原则，切实执行技术保养规程，动力机械要按主燃油消耗量确定保养周期，按时、按号、按项、按技术要求进行保养，达到技术保养标准，确保机具处于完好的技术状态。

1 拖拉机维护保养技术

拖拉机的试运转

新购或维修后（更换主要部件）的拖拉机，在使用前都应在一定条件下进行空转和磨合，同时还要进行细致的检查、调整和保养，这一系列工作过程称为试运转。拖拉机试运转的目的是在较短的时间内使拖拉机达到良好的技术状态。各种型号的拖拉机其试运转规程不尽相同，但一般都包含磨合和磨合后的检查与保养。

（一）磨合

磨合按磨合的对象可分为发动机磨合和整车磨合。

1. 磨合前的准备。

（1）认真阅读拖拉机的说明书，掌握其磨合规范。

（2）检查拖拉机外表所有螺栓及螺母，必要时紧固。

（3）检查轮胎气压，不足时充至规定范围。

（4）检查发电机、风扇及传动皮带的张紧度，必要时按要求调整。

（5）检查蓄电池存电情况、线路连接情况以及用电线路的可靠性。

（6）检查操纵机构的灵活性和可靠性。

（7）按要求对各润滑点进行润滑；检查机油和齿轮油的油位，保持在规定范围内。

（8）加注足够的符合要求的燃油和冷却水。

2. 发动机的空转磨合。

（1）摇转曲轴数圈，观察有无卡滞，运转是否灵活。

（2）按规程启动发动机低速运转，观察发动机运行情况。

（3）确认发动机工作正常后，逐步提高发动机转速，直至额定转速。观察机油压力表、水温表及电流表的变化情况。

（4）磨合过程中，要注意低速运转时间不要太长（一般不超过10分钟），以免增加磨损；提高发动机转速要均匀、缓慢，不可猛轰油门；发现异常应立即熄火并排除故障，不可带病运转。

3. 液压系统的磨合。 将拖拉机停放在平坦的路面，接合液压泵离合器，挂接配套农具，逐步提高发动机转速至接近额定转速，操纵升降手柄，使农具升降数十次即可。力调节和位调节要分别进行磨合。磨合结束后将液压离合器分离。

4. 空车行驶磨合。 空驶磨合的目的，一是对发动机进行进一步的磨合，二是对拖拉机其他传动装置和行走系统磨合，同时也还可以对拖拉机整车工作的灵活性、可靠性进行检查和调整。应注意以下事项：①按抵挡、高挡、倒挡顺序磨合，发动机转速应控制在中速度偏高一些。②在各挡行驶结束后，可用较低挡做急转弯实验，以检查最小转弯半径。③各挡行驶过程中要反复摘挡、挂挡，以检查变速机构及离合器是否工作正常。检查制动器时，不可一开始就作紧急制动，以确保安全。④行驶前须检查差速锁分离是否彻底，否则将造成拖拉机不能转向。

磨合结束后要趁热更换发动机的机油和变速箱中的齿轮油。

5. 负荷磨合。

（1）负荷磨合一般分 3～4 级。负荷的大小，以牵引力来衡量，一般为额定牵引力的 1/6、1/3 和 2/3。不做满负荷磨合，更不允许超负荷磨合。

（2）负荷磨合必须由小到大逐级进行，在同一符合情况下应由抵挡到高挡。

（3）负荷磨合可结合生产作业进行。但一定要注意不能使拖拉机在超过规定负荷的情况下磨合。

（二）磨合后的检查与保养

1. 清洗。

（1）停车后趁热放出变速箱、后桥和最终减速器等部位的齿轮油；加入适量柴油，利用二挡和倒挡各运行 2～3 分钟后再放出清洗柴油。

（2）将发动机熄火，趁热放净油底壳和调速器内的机油。清洗油底壳内的集滤器和放油螺堵。清洗机油滤清器，更换机油滤芯。

（3）清洗柴油沉淀杯和柴油滤清器。

（4）清洗空气滤清器和冷却系统。

2. 紧固与调整。

（1）检查和紧固拖拉机外部的螺栓和螺母。

（2）按顺序紧固气缸盖螺母至规定扭紧力矩，调整气门间隙及减压机构的间隔。

（3）检查调整离合器、制动器的自由行程及其工作间隙。

（4）检查调整前轮前束。

（5）必要时检查连杆轴承和连杆螺栓的扭紧力矩。

3. 润滑。

（1）按要求对各润滑点进行润滑。

（2）向变速箱、后桥、最终减速器加注齿轮油至规定油位。

（3）向发动机油底壳、喷油泵加注机油至规定油位。

检查保养结束后，启动发动机，低速运转几分钟。至此，试运转结束。

▪ 拖拉机的技术保养

拖拉机在使用过程中，由于零部件的磨损、老化、腐蚀等，其技术状态会逐步恶化，甚至不能工作。为保持拖拉机良好的技术状态，减缓技术状态恶化，延长其使用寿命，避免事故的发生，必须对拖拉机进行技术保养。

定期对拖拉机进行系统的清洗、检查、调整、紧固、润滑和更换易损件的维护措施，统称为拖拉机的技术保养。

（一）技术保养周期

拖拉机在工作过程中，各个零件的工作条件不同，负荷也不同，其磨损情况也不相同。在清洗、检查、调整、紧固、润滑和更换易损件等技术保养项目中，有些项目需经常进行，有些项目需在拖拉机工作一定时间后再进行。因此，拖拉机的技术保养项目，分为班次保养和定期技术保养。技术保养的时间间隔叫"技术保养周期"。保养周期的计算方法有三种：

1. 按工作时间计算。 即拖拉机累计工作时间到一定数量，就要进行某一级技术保养，这种计算方法简单方便。但由于各种作业中，拖拉机的负荷和工作条件不同，用此法计算就不能准确地反映机车的磨损情况。

2. 按主燃油消耗量计算。这种方法能够比较准确地反映拖拉机的磨损情况。

3. 按作业量计算。各种作业中，拖拉机的负荷不同，其燃油消耗量不同，零部件消耗量也不同。因此，作业量也不能简单相加，必须换算成"标准亩"。由于各种作业量的折合系数不够准确，所以这种方法应用不多。

表5-1列出了几种机型的技术保养周期。

表 5-1　几种主要拖拉机的技术保养周期

级别	一号保养		二号保养		三号保养		四号保养	
机型	工作时间（小时）	耗油（千克）	工作时间（小时）	耗油（千克）	工作时间（小时）	耗油（千克）	工作时间（小时）	耗油（千克）
手扶拖拉机	100	200	500	1 000	1 500	3 000		
上海-500	125		500		1 000			
东方红-802	50～60	500～700	240～250	2 500～3 000	480～500	5 000～6 000	1 400～1 500	15 000～18 000

（二）技术保养规程

拖拉机的各号技术保养及周期的计算单位、保养项目、保养内容、方法和要求，用一定的形式规定下来，就是拖拉机的保养规程。各种拖拉机都有自己的保养规程载于说明书上。

拖拉机技术保养的项目、内容大致相同，且高号保养总是包含以前各号保养和班次保养的全部项目。

1. 拖拉机的班次技术保养规程。班次技术保养主要项目有：

（1）清除拖拉机外部油泥、尘土，应特别注意全部加油口，并清除行走部分堵塞的草秆和泥块。

（2）检查并拧紧各处螺钉、螺母。

（3）按照拖拉机使用说明书润滑图表要求，检查油位和润滑各保养点。

（4）检查发动机及底盘各部分的运转情况，以及各仪表工作是否正常，操纵机构是否良好。

（5）检查风扇皮带张紧度，履带下垂度，必要时进行调整。

（6）检查空气粗滤器积尘杯中的灰尘，灰尘达到积尘杯容积的1/2时，要倒掉。

（7）检查水箱水位，必要时应添加。

2. 拖拉机一号技术保养规程。一号技术保养除完成"班次保养"项目外，还需增加以下项目（具体机型应按该拖拉机使用说明书规定进行）：

（1）清洗机油粗滤器。

（2）放出转向离合器和飞轮壳内的渗漏积油。

（3）检查主离合器、制动器踏板和转向离合器操纵杆的自由行程，必要时进行调整。

（4）有沉淀器代替了原粗滤器的机型，当发现沉淀器内沉积水或污物达杯子的1/3～1/2时，要及时清除。

（5）液压系统中，提升臂与油缸顶杆的连接套、中央拉杆回转铰链和上轴的黄油嘴都应注入润滑脂，必须将陈旧的润滑脂全部挤出，直到端缝挤出新润滑脂。

3. 拖拉机二号技术保养规程。二号技术保养除完成"一号技术保养"项目外，还需增加以下项目（具体机型应按该拖拉机使用说明书规定进行）：

（1）清洗机油细滤器。

（2）更换发动机、喷油泵、调速器的润滑油。此项工作应在热车时进行。

（3）柴油滤清器如果是纸质滤芯，不允许清洗，需更换。

（4）清洗空气滤清器泡沫滤芯。把泡沫滤芯放入煤油或轻柴油中轻轻挤揉，洗去污物，清洗后吹干再装回。

（5）检查蓄电池电解液面高度，液面应高出防护板10～15毫米，不足时应及时添加蒸馏水。

（6）清洗启动机油箱沉淀杯和化油器浮子室滤网。

（7）清洗液压系统并更换液压油。

4. 拖拉机三号技术保养规程。三号技术保养内容如下：

（1）完成每班和一、二号技术保养的全部项目。

（2）彻底清洗空气滤清器，取下空气滤清器的油盘，取出下滤芯，拆下空气滤清器本体，用清洁的柴油清洗本体和下滤芯，更换油盘内机油，然后装回。

（3）检查清洗燃油滤清器及其纸滤芯。如发现纸滤芯被水浸湿，应倒净壳体中的水，并晒干纸滤芯，发现纸滤芯有破裂、穿孔、脱胶和腐烂等缺陷时，应更换。

（4）清洗润滑系统：①发动机停车后，趁热放出油底壳和机油滤清器中的脏油。②将放油螺塞用柴油清洗后重新装好。③往油底壳内加入相应季节应使用的机油。

（5）检查喷油器的喷射压力和雾化质量。正常的喷油器喷出的燃油应呈雾状，不夹带油滴，断油要干脆，没有滴油现象，喷射压力应符合规定。如不合要求，可松开针阀体的锁紧螺母，清除积炭，并在柴油中清洗或调整研磨，必要时予以更换。

（6）清洗机油滤清器并更换机油滤芯。

（7）检查喷油泵供油提前角。

（8）检查离合器、制动器的踏板自由行程，以及转向盘的自由行程。并调整到规定的数值。

5. 拖拉机四号技术保养技术规程。四号技术保养属于最高号的保养，要求对拖拉机进行全面、系统的检查、鉴定、清洁和调整，必要时更换达到磨损极限的零件，重点对拖拉机内部进行保养。以铁牛-55型拖拉机为例（每工作900小时，或耗油7 200千克），四号技术保养主要内容包括：

（1）三号技术保养的全部项目。

（2）清洗冷却系的水垢。

（3）拆下发动机油底壳和机油泵，清洗机油集滤器滤网和曲轴连杆轴颈集油垢的空腔。

（4）卸下气缸盖并清除积炭，检查气门的气密性，必要时研磨气门。

（5）检查喷油泵的供油提前角、供油量及各缸供油均匀性，必要时进行调整。

（6）放出油箱中的沉淀油并清洗油箱。

（7）清洗、检修发电机，并与调节器配对调整。

（8）清洗和检修启动机和启动转换开关。

（9）更换变速箱后桥壳体内的齿轮油和液压系统内的工作油液。

（10）检查挠性联轴节橡胶块情况，必要时相邻的两块对调或更换。

（11）检查前轮前束和前轮轴承间隙，必要时调整。

> **！温馨提示**
>
> 各种拖拉机的技术保养规程，分别列于说明书中。拖拉机必须严格按技术保养规程进行维护保养，不要随意延长保养周期，更不能不进行技术保养。

■ 拖拉机油料的选用

拖拉机主要使用柴油、汽油和润滑油。油料消耗是农机作业成本的重要构成因素之一，同时，油料的质量对拖拉机效能的发挥和使用寿命也有影响。因此，正确选用油料，对于降低生产成本、延长拖拉机使用寿命具有重要意义。

（一）柴油的选用

柴油分为轻柴油和重柴油。其牌号是按凝固点分级的，轻柴油分为10号、0号、−10号、−20号、−35号、−50号6个牌号。重柴油分为10号、20号、30号3个牌号。农用柴油只有20号一种。

柴油的主要性能指标：①着火性能。该特性用柴油的十六烷含量来表示，十六烷值越高，着火性能越好。国产柴油的十六烷值一般为40～60。②低温流动性。柴油的低温流动性取决于它的熔点和凝固点，是选用柴油的主要依据。③黏度。常温下柴油黏度过大时，流动困难，过滤阻力增大，雾化困难，影响混合气形成质量和燃烧。黏度过小时，供油系统容易出现渗漏，降低了喷油压力，影响供油量和供油时间，且润滑性能降低，供油系精密偶件磨损增加。

柴油发动机应根据气温变化选用不同牌号的柴油。气温高时选用凝固点高的柴油，气温低时选用凝固点低的柴油。高速柴油机应选用轻柴油，低速柴油机应选用重柴油。

（二）汽油的选用

拖拉机及其他农业机械使用车用汽油。GB 484—89《车用汽油规格》规定，车用汽油规格按辛烷值分为 90 号、93 号、97 号三种。暂保留老标准中的 66 号、70 号、85 号三个旧牌号，以保证部分老车型使用。

汽油的使用性能主要有：①爆性。汽油抗爆性用辛烷值表示，辛烷值越高，抗爆性能越好。②蒸发性。蒸发性好的汽油，容易形成良好的混合气；蒸发性差的汽油，燃烧不完全，易形成积炭，并会稀释机油，加速磨损。

选用汽油时应根据发动机的压缩比来进行选择。不可盲目选择牌号高的汽油。

（三）润滑油的选用

润滑油分为机油、齿轮油。润滑油的使用性能：①黏度。黏度是润滑油的重要性能指标。黏度过大，通过阻力大，影响润滑效果；黏度过小，不容易形成油膜，会加剧机件磨损，同时也会增加机油消耗量。②黏温性。润滑油黏度随温度变化而发生变化的特性称为黏温性。机油黏度随温度变化的程度越小，其黏温性越好。

1. 汽油机机油的选用。常用的 EQB 级汽油机机油，按其 100℃时的运动黏度分为 6 号、8 号（低凝油）、10 号、14 号（合成稠化油）、15 号等牌号。牌号越高，黏度越大。6 号汽油机机油适于冬季汽车发动机使用，15 号适于夏季化油器式拖拉机使用，8 号低凝油适于严寒地区冬季使用。

2. 柴油机机油的选用。 目前常用的 ECA 级柴油机机油按 100℃ 的运动黏度分为 20 号、30 号、40 号、50 号以及 11 号、14 号，柴油机机油号数越大，其黏度越高。选用柴油机机油主要依据工作条件及环境温度。一般负荷大，间歇性或冲击力较大的运动部位，选用黏度大的润滑油，气温高于 10℃ 时，应选用夏季用柴油机机油，如 30 号、40 号；气温低于 10℃ 时，要选用冬季用柴油机机油，如 20 号。

3. 齿轮油的选用。 变速箱、后桥等部位用齿轮油作润滑油。齿轮油可分为普通车辆齿轮油、双曲线齿轮油和合成齿轮油等。常用的 CLC 级齿轮油按 100℃ 时的运动黏度，分 80W/90、85W/90 和 90 号等多种牌号。

4. 润滑脂的选用。 润滑脂俗称黄油。常用润滑脂有钙基润滑脂、钠基润滑脂、锂基润滑脂、钙钠基润滑脂、二硫化钼润滑脂五种，适用于密封困难、负荷重部位的润滑。同时还能起到防锈、防腐蚀、保护零件表面的作用。

2 联合收获机维护保养技术

由于农作物的种类繁多，因此相应的收获机械也有多种，如小麦收获机、水稻收获机、玉米收获机、大豆收获机、棉花收获机、马铃薯（即土豆）收获机等。以下主要以使用范围广的小麦、玉米联合收获机为例，介绍其试运转、技术保养等方面的内容。

■ 小麦联合收获机维护保养技术

（一）小麦联合收获机的试运转

用户新购置或大修后的联合收获机在正式作业前必须进行 60～100 小时的试运转，即磨合，以保证良好的技术状态和延长使用寿命。未进行试运转的联合收获机不得进入作业状态。

各种类型的小麦联合收获机的试运转方法，在各机的《使用说明书》中均有详细说明。首先要按照《使用说明书》的要求加足相应牌号的燃油、机油、液压油、齿轮油和冷却水，对各润滑点加注润滑脂，对紧固件和张紧件进行紧固、张紧，然后按以下四个程序进行试运转（以谷神 4LZ-2 联合收获机为例）。

1. 发动机试运转。时间为 15～20 分钟。一般由低速到高速进行无负荷空转，每种速度下的运行时间为 5 分钟左右。

2. 行走试运转。时间为 5 小时。当发动机水温升高至 60℃ 以上时，从低挡到高挡，从前进挡到后退挡逐步进行，试运转过程中采用中油门工作，应留心观察，并检查以下项目：

（1）检查变速箱和离合器有无过热、异声以及变速箱有无漏油现象，并检查润滑油面。

（2）检查前后轮轴承部位是否过热，轴向间隙应在 0.1～0.2 毫米。

（3）检查转向和制动系统的可靠性，以及刹车夹盘是否过热。

（4）检查两根行走皮带是否符合张紧规定。主离合器和卸粮离合器传动带能否脱开。

（5）检查轮胎气压，并紧固各部位螺栓，特别是前后轮轮毂螺栓、边减半轴轴承螺栓和锥套锁紧螺母、无级变速轮各紧固螺栓、前轮轴固定螺钉、后轮转向机构各固定螺栓、发动机机座和带轮紧固螺栓等。

（6）检查动力输出轴壳体和带轮是否过热。

（7）检查电器系统仪表、各信号装置是否可靠工作。

3. 联合收获机组试运转。时间 5 小时。

（1）试运转前的准备：①应仔细检查各传动 V 带和链条是否按规定张紧，包括倾斜输送器和升运器输送链条。②将轴流滚筒栅格凹板放至最大间隙。③打开籽粒升运器壳盖和复脱器月牙盖。④将联合收获机内部仔细检查清理后，用手转动中间轴右侧带轮，应无卡滞现象。⑤检查所有螺纹紧同件是否可靠拧紧。

（2）先原地运转，从中油门过渡到大油门，仔细观察是否有异响、异振、异味以及"三漏"（漏油、漏气、漏水）现象，再大油门运转 10 分钟后检查各轴承处有无过热现象。

（3）缓慢升降割台和拨禾轮油缸，仔细检查液压系统有无过热和漏油现象。

（4）联合收获机各部件运转正常后应将各盖关闭，栅格凹板间隙调整到工作间隙之后，方可与行走运转同时进行。

（5）停机检查各轴承是否过热和松动，各V带和链条张紧度是否可靠。

（6）检查主离合器、卸粮离合器接合和分离是否可靠。

4. 带负荷试运转。时间30小时（其中小负荷试运转20小时）。带负荷试运转也就是试割过程，均在联合收获机收获作业的第一天进行。一般在地势较平坦、少杂草、作物成熟度一致、基本无倒伏、具有代表性的地块进行。开始以小喂入量低速行驶，逐渐加大负荷至额定喂入量。

⚠️ 温馨提示

小麦联合收获机试运转注意事项

（1）原地试运转一段时间后可与行走试运转同时进行，但不准用Ⅱ挡以上进行联合收获机的试运转。

（2）试割过程中，无论喂入量多少，发动机均应在大油门、额定转速下工作。

（3）在试割过程中，在联合收获机收割30～50米后，踏下离合器，使变速杆置于空挡位置，继续保持大油门，使机器继续运转15秒左右，待从割台上喂入至脱粒清选装置的谷物全部通过后，再减小油门，切断动力。停止运转后进行如下检查：①检查并调整拨禾轮高度和前后位置。②检查各部件紧固情况。③检查各润滑点有无发热现象。④检查并调整各传动带、传动链张紧度。⑤检查脱净率、分离损失、清选损失、籽粒清洁度、籽粒破碎率等情况，以确定是否对脱粒滚筒转速、凹板间隙、风速、风向、筛子开度等进行调整，使之达到最佳工作状态。

（4）试运转全部完成后，按《柴油机使用说明书》规定保养发动机，更换变速箱齿轮油和液压油。按该联合收获机使用说明书规定，进行一次全面的维修保养。

（二）小麦联合收获机的维护保养

1. 班次保养。 小麦联合收获机工作 10 小时左右，即一个班次作业结束后，必须及时、认真地进行班次保养。正确的保养，是防止联合收获机出现故障，确保优质、高效、低耗、安全工作的重要措施。下面以雷沃谷神 4LZ-2 为例，说明班次保养的主要内容。

（1）发动机的班次保养应按《柴油机使用说明书》规定进行。

（2）彻底检查和清理联合收获机各部分的缠草以及颖糠、麦芒、碎茎秆等堵塞物，尤其应清理拨禾轮、切割器、喂入搅龙缠堵物、凹板前后所在脱谷室三角区、上下筛间两侧弱风流道堵塞物、发动机机座附近沉降物等，特别要清理变速箱输入轴积泥。

（3）检查发动机空气滤清器盆式粗滤器和主滤芯（纸式滤芯）以及散热器格子集尘情况。盆式粗滤器在工作中还应视积尘满度随时清除，散热器格子视堵塞程度进行吹扫，必要时班内增加清理次数。

（4）检查和杜绝漏粮现象。

（5）检查各紧固件状况，包括各传动轴轴承座（特别是驱动桥左右半轴轴承座）、紧定套螺母和固定螺栓、偏心套、发动机动力输出带轮、过桥主动轴输出带轮、摆环箱输入带轮、第一分配搅龙双链轮端面固定螺栓、筛箱驱动臂和摆杆轴承固定螺栓、转向横拉杆球铰开口销、无级变速轮栓轴开口销、行走轮固定螺栓、发动机机座固定螺栓状况。

（6）检查护刃器和动刀片有无磨损、损坏和松动情况，以及切割间隙情况。

（7）检查过桥输送链耙的张紧度。

（8）检查 V 胶带的张紧度。

（9）检查传动链张紧度，当用力拉动松边中部时，链条应有20～30毫米的挠度。

（10）检查液压系统油箱油面高度，以及各接头有无漏油现象和各执行元件之间的工作情况。

（11）检查制动系统的可靠性，变速箱两侧半轴是否窜动（行走时有周期性碰撞声）。

（12）按规定的时间润滑各摩擦部位，并注意以下事项：①润滑油应放在干净的容器内，并防止尘土入内，油枪等加油器械要保持洁净。注油前必须擦净油嘴、加油口盖及其周围地方。经常检查轴承的密封情况和工作温升，如因密封性能差，工作温升高，应及时润滑和缩短相应的润滑周期。②装在外部的传动链条每班均应润滑，润滑时必须停车进行，并先将链条上的尘土清洗干净后，再用毛刷刷油润滑。各拉杆活节、杠杆机构活节应滴机油润滑。③变速箱试运转结束后清洗换油，以后每周检查一次油，每年更换一次油。④液压油箱每周检查一次油面，每个作业季节完后应清洗一次滤网，每年更换液压油，换油时应先将割台落地，然后再将油放尽更换新油。⑤检修联合收获机时，应将滚动轴承拆卸下来清洗干净，并注入润滑脂（包括滚道和安装面）。说明书中规定的润滑周期仅供参考，如与作业实际情况不符，可按实际情况调整润滑周期。

2. 自走式小麦联合收获机的保管。 小麦收获作业全部结束后，要对联合收获机进行全面的清理和检查，然后进行妥善保管，以保证在下一次使用时能有好的工作效果。

（1）清扫机器。先打开机器的全部检视孔盖，清除滚筒室、过桥内的残存杂物，清除割台、驾驶台、清选室（包括发动机）、抖动板、清选筛、清选室底壳、风扇叶轮内外、变速箱外部等残存物。

清扫完后，将升运器壳盖和复脱器月牙板盖打开，将机器发动且带动工作装置高速运转5～10分钟，以排尽残存物。之后用压力水清洗机器外部。最后再开机3～5分钟将残存水甩干，将割台、拨禾轮放到最低位置，使柱塞杆缩入液压油缸。

清洗车体时，不要将水沾到电器部分上和机体内部，否则将会造成故障。

（2）全面维修。机器使用了一个作业季节，工作部件（特别是易损件）肯定会有不同程度的变形、磨损及损坏，尤其是使用了几年的旧机器，更应对所有部件进行彻底的检查、修复、更换工作。

检查分禾器是否有变形、断裂等情况。若有，应予以修理。

检查拨禾轮的弹齿有无变形、轴承有无磨损。若有，则进行校正或更换新件。

检查切割器的刀片有无磨损，护刃器有无变形。若有，则进行更换新件和校正。

检查割台搅龙的叶片有无变形、磨损，伸缩扒指导套与伸缩扒指间隙超过3毫米的，应更换扒指导套。

检查输送链耙，更换变形的耙齿。

检查脱粒装置、清选装置、谷粒搅龙、杂余搅龙等的磨损、变形情况，视情况修理或更换。

检查罩壳、机架是否有变形，检查轴上的键与键槽是否完好，检查轴承的间隙是否合适，有问题的要修理或更换。

（3）按润滑图、表和柴油机使用说明书进行全面润滑，然后用中油门将机器空运转一段时间。

（4）对磨去漆层的外露零件要重新涂漆防锈。对摩擦金属表面如各调节螺纹处，要涂油防锈。

（5）取下全部V皮带，检查是否有因过分打滑和老化而造成的烧伤、裂纹、破损等严重缺陷，若有，应予更换。能使用的皮带应清理干净，抹上滑石粉挂在阴凉干燥的室内，系上标签，妥善保管（务必注意老鼠对胶带的破坏）。

（6）卸下链条，清理干净，并在60～80℃的机油中加热进行润滑，然后用纸包好存放入库。

（7）卸下割刀并涂抹黄油，然后吊挂存放，以防变形。

（8）放松安全离合器压缩弹簧。

（9）卸下电瓶进行专门保管，每月充电一次，充电后应擦净电极，并涂以凡士林。

（10）保护好仪表箱、转向盘及其组合电器开关、排气管出口等，易进雨雪的地方应加盖篷布封闭。

（11）清理好备件和工具，检查收获机各部位情况，并记入档案。

（12）发动机按《柴油机使用说明书》进行保管。

（13）联合收获机应存放在干燥、无灰尘、地面平坦、有水泥或铺砖地面的室内，室内的昼夜温差尽可能的小，不要露天存放。若不得已在棚子内存放时，则应选干燥、通风良好处，地面应铺砖。支起联合收获机的前后桥，让轮胎离地，将轮胎放气至 0.05 兆帕，并防止日晒雨淋。

3. 悬挂式联合收获机的拆卸与保管。

（1）选好位置，停放车辆。选好收获机的存放地点，最好存放在车库中（无车库时应用篷布等盖好），用砖垒成坚硬的方座（与脱粒机体底座适合），倒车对准底座，垫平脱粒机体。

（2）松动所有传动带、传动链张紧轮，使传动带、传动链条松弛。拆下动力传动总轴至输送槽主动轴皮带轮的传动带、输送槽中间轴右皮带轮到割台主轴左皮带轮的传动皮带、动力输出总成与动力传动总轴的传动链条。

（3）操纵液压升降手柄，降下割台，抬下输送槽。

（4）拆下斜拉杆与脱粒清洗装置的连接螺栓，拆下脱粒机架上卡住后支架的两个压板螺栓。启动发动机，升起割台，使拖拉机缓缓向前移动，卸下脱粒机部分。

（5）将拖拉机开到割台的存放位置，降下割台，同时用两根平直的木板顺搅龙方向垫在割台底板弧形角铁上，放置平稳。拆下钢丝绳上的卡紧螺栓，抽出钢丝绳，即可卸下割台。

（6）拆下前、后支架，钢丝绳、动力输出总成。拆卸后的各部件在存放前，要全面检查修复调整，不能继续使用的零部件，最好当时购置新件，以备下一年使用

（7）磨损掉漆的部位，应除锈后重新涂漆。对各黄油加注点加注黄油。切割器、偏心轴伸缩扒齿、链条、钢丝绳等传动部件，在清洗后涂上防锈油脂。

（8）零部件存放整齐，大部件集中存放，小部件打包或装箱存放，三角带挂起，各部件切勿丢失。自走式联合收获机最好用支架垫起，不让轮胎受压，以保护轮胎。严禁在收获机及部件上堆放杂物。机库应通风、干燥、不漏雨雪，露天存放时应盖严，防雨遮阴。

4. 重新启用。小麦联合收获机经过长期存放，在重新使用前要进行一次全面检查，确保机器状态良好。

（1）作业主机的检查。①安装皮带并正确调整皮带张紧度。②安装链条并正确调整传动链条张紧度。③正确调整安全离合器弹簧压力。④关闭升运器活门。⑤按说明书里的润滑图润滑各工作部位。⑥拧紧前后轮的螺栓、螺母。⑦中速运转 1 小时，检查所有轴承是否有过热现象，若有，应调整轴承间隙。

（2）检查与启动发动机。①取下盖上的防水布、密封塞、风扇皮带轮间的硬纸。②检查冷却液面，可让防冻剂、防锈剂留在冷却系统内。③发动机机油加入防锈剂时，使用 25 小时后应放掉，重新加入合格的机油。④检查蓄电池，必要时充电。⑤启动发动机，小油门运转 3 分钟，检查机油压力是否正常，若正常再以中速运转 5 分钟。注意，在启动发动机前，要保持通风良好，不要在密封的房间里启动发动机，否则有缺氧窒息的危险。⑥在有负荷时，运转发动机并检查有无异常声音。如发现异常，要立即关闭发动机并进行检查修理。⑦检查油管是否漏油，若有，要及时修理或更换。

5. V 带的维护保养。在小麦联合收获机上，传动系统用了较多的 V 带传动，为了延长 V 带的使用寿命，要做好以下方面的维护保养：

（1）装卸 V 带时应将张紧轮固定螺栓松开，或将无级变速皮带轮张紧螺栓和栓轴螺母松开，不得硬将传动带撬下或逼上。必要时，可以转动皮带轮将皮带逐步盘下或盘上，但不要太勉强，以免破坏皮带内部结构或拉坏轴。

（2）安装皮带轮时，同一回路中的皮带轮轮槽对称中心面（对于无级变速轮，动轮应处于对称中心面位置）位置度偏差不大于中心距的 0.3%（一般短中心距允许偏差为 2～3 毫米，中心距长的允许偏差为 3～4 毫米）。

（3）要经常检查皮带的张紧程度，过松或过紧都会缩短其使用寿命，对此，可参考机器使用说明书中的值进行调整。三根脱谷传动皮带属于配组带，同组皮带内周长之差不允许超过8毫米，更换时应更换一组。

（4）机器长期不使用时，皮带应放松。

（5）皮带上不要弄上油污，沾有油污时应及时用肥皂水进行清洗。

（6）注意皮带的工作温度不能过高，一般不超过50～60℃（手能长时间触摸）。

（7）V带以两侧面工作，如果皮带底与带轮槽底接触、摩擦，说明皮带或带轮已磨损，需更换。

（8）要经常清理带轮槽中的杂物，防止锈蚀，以减少皮带与带轮的磨损。

（9）皮带轮转动时，不许有大的摆动现象，以免缩短皮带的使用寿命。

（10）皮带轮缘有缺口或变形张口时，应及时修理更换，以免啃坏皮带。

（11）长期不用时，应将皮带拆下，保存在阴凉干燥的地方，挂放时，应尽量避免打卷。

6. 链条的维护保养。 在小麦联合收获机上，传动系统用了较多的链条传动，链条的维护保养有以下主要方面：

（1）在同一传动回路中的链轮应安装在同一平面内，其轮齿对称中心面位置度偏差不大于中心距的0.2%（一般短中心距允许偏差为1.2～2毫米，中心距较长的允许偏差为1.8～2.5毫米）。

（2）链条的张紧度应合适，按规定值进行调整。

（3）安装链条时，可将链端绕到链轮上，便于连接链节。连接链节应从链条内侧向外穿，以便从外侧装连接板和锁紧固件。

（4）键条使用伸长后，如张紧装置调整量不足，可拆去两个链节继续使用。如链条在工作中经常出现爬齿或跳齿现象，说明节距已伸长到不能继续使用，应更换新链条。

（5）拆卸链节冲打链条的销轴时，应轮流打链节的两个销轴，销轴头如已在使用中撞击变毛时，应先磨去毛边。冲打时，链节下应垫物，以免打弯链板。

（6）链条应按时润滑，以提高使用寿命，但润滑油必须加到销轴与套筒的配合面上。因此应定期卸下润滑。卸下后先用煤油清洗干净，待干后放到机油中或放到加有润滑脂的机油中，加热浸煮 20～30 分钟，冷却后取出链条，滴干多余的油并将表面擦净，以免在工作中黏附尘土而加速链传动件磨损。如不热煮，可在机油中浸泡一夜。

（7）链轮齿磨损后可以反过来使用，但必须保证传动面安装精度。

（8）新旧链节不要在同一链条中混用，以免因新旧节距的误差而产生冲击，拉断链条。

（9）磨损严重的链轮不可配用新链条，以免因传动副节距差，使新链条加速磨损。

（10）机器存放时，应卸下链条，清洗涂油后再装回原处，或者最好用纸把涂油链条包起来，以免沾尘土，并存放在干燥处。链轮表面清理干净后，应涂抹油脂防止锈蚀。

7. 轮胎的维护保养。自走式小麦联合收获机多采用橡胶充气轮胎，其维护保养内容如下：

（1）每天在联合收获机工作前，要按规定检查轮胎的气压，轮胎气压与规定不符时禁止工作。测试轮胎气压应在轮胎冷状态时进行。

（2）轮胎不准沾染油污和油漆。

（3）联合收获机每天工作后要检查轮胎，特别要清理胎面内侧粘积的泥土（以免撞挤变速箱输入带轮和半轴固定轴承密封圈），检查轮胎有无夹杂物，如铁钉、玻璃、石块等。

（4）夏季作业因外胎受高温影响，气压易升高，此时禁止降低发热轮胎气压。

（5）当左右轮胎磨损不匀时，可将左右轮胎对调使用。

（6）安装轮胎时，应在干净的地面上进行。安装前，应把外胎的内面和内胎的外面清理干净，并撒上一薄层滑石粉，然后将内胎装入轮胎，要注意避免折叠。将气门嘴放入压条孔内之后，再把压条放在外胎与内胎之间，装入轮辋。

（7）机器长期存放时，必须将轮胎架空并放气至 0.05 兆帕。

◢ 玉米联合收获机维护保养技术

（一）玉米联合收获机的试运转

新购或大修后的玉米联合收获机在正式作业前，要进行试运转，以检查机器各部分技术状态是否正常，并使各摩擦面得到磨合。玉米联合收获机的试运转包括空载试运转和作业试运转。玉米联合收获机就地空运转时间应不少于 3 小时，行驶空试时间不少于 1 小时。作业试运转时，在最初工作的 30 小时内，收获机的速度应比正常的工作速度低 20%～25%，正常的作业速度可按各型号说明书中推荐的工作速度进行。表 5-2 列出的是 4YZ-3 型自走式玉米联合收获机的作业速度。

表 5-2　4YZ-3 型玉米联合收获机的作业速度

玉米穗收获量（克/公顷）	3 000	4 950	7 500	9 975	12 450	15 000	19 950
玉米联合收获机行驶速度（千米/小时）	9	6.5	5.5	4.4	4	3.5	3

当试运转结束后，要彻底检查各部件的装配紧固程度、总成调整的正确性及电气设备的工作状况，更换所有减速器和闭合齿轮传动箱中的润滑油。

（二）玉米联合收获机的维护保养

1. 每日技术保养。保养内容主要包括各零部件的清洁、检查、紧固、润滑和调整。

（1）每日工作前应清理玉米联合收获机上各部残存的尘土、苞叶和其他污物。

（2）观察和检查各部件连接情况，必要时加以紧固。特别注意检查摘穗台、切碎装置机架的连接，输送器的刮板上螺栓的紧固情况，前后车轮与轮毂的紧固情况，前桥管梁焊合与边减机座、机架的连接螺栓的紧固情况，发现松动及时紧固。

（3）检查传动链条、三角皮带、喂入输送链的张紧度。必要时进行调整。损坏时应及时更换。

（4）检查摘穗台齿轮箱、传动箱、变速箱的润滑油，是否有泄漏和不足，应及时修理和补充。

（5）检查液压系统液压油是否有泄漏和不足，及时维修和补充。

（6）清理发动机体、水箱、除尘罩和空气滤清器。

（7）发动机按其说明书进行技术保养。

注意气温对燃油牌号的影响，气温在 0℃时应采用−10 号柴油，气温在−10℃时应采用−20 号柴油。

2. 保管。 玉米联合收获机作长期保管时，必须完成以下几项准备工作，然后将玉米联合收获机存放在干燥的库房内。

（1）打开机器上的全部窗口、盖子、护罩。仔细清除玉米联合收获机内外的尘土、作物残余和污物。必要时可作部分拆卸，里里外外必须清除干净。

（2）取下全部皮带并擦干净，系上标签，交库保存。

（3）卸下链条，放在柴油或煤油中清洗，再涂上机油，装回原位，但不得张紧。

（4）拆卸和查看机器时如发现零件或部件需要更换，应换上备用零部件。

（5）在一切未涂油漆的金属表面以及工作中受摩擦的地方，均应涂防锈油。

（6）将割台降下放在垫木上，前后轮桥用千斤顶顶起，并垫好垫木，放低轮胎气压。

（7）卸下蓄电池，进行专门的检查与保管。

（8）卸下燃油箱及油管，用柴油清洗后放回原处，并拧紧各处的油口塞、盖和接头。

（9）有关发动机的保管，按发动机使用说明书的要求进行。

3 田间作业机械维护保养技术

■ 耕地机械维护保养技术

（一）犁的维护保养

1. 班次保养。每班作业后与拖拉机班次保养同时进行。

（1）清理犁上的泥土和缠草，检查各零件的紧固情况，拧紧松动的螺丝。

（2）对各转动部件加注润滑油。检查液压油缸、油管有无漏油情况，必要时修复。

（3）检查犁铧磨损情况。犁铧刃厚超过 2 毫米以上，圆犁刀刃口厚超过 1.5 毫米。可用砂轮磨削到 0.5～1 毫米。磨损严重时可用锻伸修复法，否则应更换。

2. 定期保养。犁耕 60～100 小时或耕熟地 700～1 000 亩后，对犁要进行全面检查和保养。

（1）清除犁上的泥污和缠草，检查犁铧、犁壁和犁侧板磨损情况，磨损超过极限时要及时修复或更换。

（2）检查犁轮的轴向和径向间隙，超过时进行间隙调整，磨损严重时应更换。

3. 保管。使用季节结束后，犁要停放较长的时间，这时要对犁进行恰当的保管，以防锈、防变形为主。

（1）清除各部分的泥污和杂草，检查各部件的磨损情况，超过磨损极限的应进行修复。

（2）对丝杆螺纹、犁铧等工作部件外露部分，要涂油防锈，对犁架油漆剥落处要补刷油漆。

（3）将犁停放在干燥的农具库内，犁轮和犁体用木块垫好、放稳。

（二）深松机的维护保养

（1）铲刀磨损可用砂轮磨修，使其达到规定的刃厚标准。若磨损严重，可焊补后修磨到标准刃厚。

（2）梁架开焊或变形，可采用焊接或矫正修复。

（3）仿形机架变形，可采用冷矫正修复。

（4）铲柱变形，可采用冷矫正之后，焊加强筋修复。

■ 整地机械维护保养技术

（一）圆盘耙的维护保养

班次维护每班作业结束后，应清除耙片及耙架上的污物；检查并紧固各连接螺母；各转动部件加注润滑油。

入库维护在作业季节结束后，机具要存放较长的时间，为保存好机具，延长使用寿命，应做好以下工作：清除耙片及耙架上的污物；在耙片上涂机油，以防锈蚀；检查轴承间隙，磨损过大时应更换，并更换轴承内的润滑脂，各转动部件加注润滑油；用木板将耙组垫离地面；存放于干燥通风的库房内。

（二）旋耕机的维护保养

旋耕机的保养分为班次保养、季度保养与保管。

1. 班次保养。一般情况下，每班作业后应进行保养，内容包括：

（1）检查拧紧连接螺栓。

（2）检查插销、开口销等易损件有无缺损，必要时更换。

（3）检查传动箱、十字节和轴承是否缺油，必要时立即补充。

2. 季度保养与保管。每个作业季度完成后进行，内容包括：

（1）彻底清除机具上的泥尘、油污。

（2）彻底更换润滑油、润滑脂。

（3）检查刀片是否过度磨损，必要时换新。

（4）检查机罩、拖板等有无变形，恢复其变形或换新。

（5）全面检查机具的外观，补刷油漆，弯刀、花键轴上涂油防锈。

（6）长期不使用时，轮式拖拉机配套旋耕机应置于水平地面，不得悬挂在拖拉机上。要将机具支起平放，使刀片离地，并在犁刀上涂上废机油，以防生锈。

（三）秸秆粉碎还田机的维护保养

1. 班次保养。每作业 8～10 小时进行一次保养。

（1）检查并拧紧各连接处螺母。

（2）按使用说明书的要求对各润滑处加注齿轮油和高速润滑脂。

（3）检查齿轮箱密封情况，如漏油则更换密封圈或油封。

（4）检查甩刀磨损情况，必须更换时应成组更换同等重量的原厂配件，以保持刀轴的动平衡。

（5）清除机壳内部的粘集的土层、杂草，以免加大负荷并加剧甩刀的磨损。

（6）检查各轴承处温升，如温升过高，即为轴承间隙过大或缺油所致，应及时加油或调整。

（7）检查万向节十字轴挡圈是否错位或脱落，必要时进行更换。

（8）停放时应接好支撑柱。

2. 作业季节结束后的保管。

（1）清洗变速箱并更换齿轮油。

（2）各轴承处注满黄油。

（3）彻底清除还田机上及内部定刀间的泥土、杂草和油污。

（4）各部件做好防锈处理。

（5）机具不要悬挂放置，应将其放在事先垫好的物体上，停放在干燥处，不得以地轮为支撑点，拆下 V 带并单独存放。

■ 播种机械维护保养技术

（一）班次保养

每天工作后，应清理机器上的泥土、杂草等物，特别注意将传动系统清理干净；检查各部件是否处于良好状态，紧固各连接螺钉；向各润滑点加注润滑油。

作业后及时清扫肥料箱内残存肥料，防止腐蚀机件；盖严种箱和肥箱，必要时用苫布遮盖，防止杂物和受潮；落下开沟器，将机体支稳。

（二）存放维护

播种作业完全结束后，机具要放置很长时间，到下个作业季节时才能使用，做好机具的保管工作，对延长机具的使用寿命有重要意义。

（1）作业季节结束后，清除种子箱、排种器和排肥器内的残留种子及肥料，用水将肥料箱冲净并擦干，箱内涂上防锈油。

（2）检查主要零件的磨损情况，必要时予以更换；圆盘式开沟器应卸开，进行清洗与保养后再装好；各部位加注足够的润滑油；在链条、链轮等易生锈部位涂上废机油或黄油，以防锈蚀。

（3）放松链条、皮带、弹簧等，使之保持自然状态，以免变形。

（4）把输种管、输肥管卸下，单独存放。

（5）对脱漆部位要重新涂上防锈漆。

（6）将开沟器支离地面。将机具停放在干燥通风的库内。塑料和橡胶零件要避免阳光和油污的侵袭，以免加速老化。

■ 水稻插秧机维护保养技术

（一）水稻插秧机的维护保养

每班和工作季度结束后，应按机具说明书的要求进行维护保养。

发动机工作半天应检查润滑油（油尺标记中线），一个季节更换一次。对于新机器，工作 30 亩时更换机油。

行走系统机器工作 30 亩应检查传动箱油面（油孔溢出润滑油），一个季节更换一次；V 带紧度（手指应压下 15～25 毫米）、螺栓紧度一般在机器工作 30 亩时进行检查，每季结束时也应进行检查或更换。

工作部件的维护保养包括：①传动箱油面在机器工作 30 亩时进行检查，每季进行更换，更换时应放出沉淀，加足润滑油。②分离针秧门的间隙（两侧间隙应均匀，为 1.25～1.75 毫米）、分离针与秧苗侧壁的间隙（两侧间隙应均匀，为 1～1.5 毫米）、取秧数（用标准块测量，6 个分离针应取秧一致）、分离针与推秧器间隙（提开时，间隙不大于 1.5 毫米），推秧器行程（不小于 16 毫米，推出时不超出分离针 3 毫米）每半天检查一次，其中分离针与秧门的间隙、取秧量在机器工作 30 亩左右要检查调整。③传动中各固定螺母半天应进行一次检查，不允许松动。④在工作 30 亩时，还应检查链轮箱（应使链轮挂油）和栽植臂（应使拨叉处不缺油）。

（二）水稻插秧机的保管

水稻插秧机受农时季节限制，一年工作时间很短，停放时间很长。为防止锈蚀、断裂、橡胶老化及零部件变形，必须妥善保管。长期保管的要求如下：

（1）外表清洗干净，不得有油污。摩擦零部件（分离针、推秧器、秧门、移箱轴、送秧轴、抬把、送秧轮等）表面涂以黄油。

（2）放净柴油、润滑油。

（3）卸下 V 带，单独存放。

（4）润滑有关部位，按润滑表向润滑点注油。

（5）封闭气缸。用少量无水机油加入进气道，摇动曲轴，使机油附在活塞顶部、气缸内壁及气门密封座，封闭气缸。

（6）清洗空气滤清器内腔及滤网，然后将空气滤清器、消音器、油箱口用布包好，以防灰尘进入。

（7）将离合器放在"合"的位置，变速杆放在空挡位置，定位离合器也放在"合"的位置，秧箱放在中间位置，栽植臂放在推秧位置，以防止弹簧弹力减退。

（8）秧船平放垫起，将轮胎离地支撑。

参考文献

胡霞．2012．农机操作和维修工．北京：科学普及出版社．

胡霞．2010．新型农业机械使用与维修．北京：中国人口出版社．

李烈柳．2013．拖拉机、农用车驾驶与维修技术问答．北京：化学工业出版社．

单元自测

1. 拖拉机的班次保养内容有哪些？

2. 拖拉机三号保养的内容有哪些？

3. 小麦联合收获机每班作业前，需要检查哪些内容？

4. 玉米联合收获机每班作业前，需要检查哪些内容？

技能训练指导

一、蓄电池的维护与保养

（一）训练场所

拖拉机车库。

（二）设备材料

工具箱、纱布、万用表、清洗剂、凡士林、电瓶水、比重计等。

（三）训练目的

熟练掌握拖拉机蓄电池的保养步骤和注意事项。

（四）训练步骤

1. 检查。蓄电池平时不需特殊维护。只需观察液体比重计观察孔：观察孔显示绿色表示电量充足；观察孔出现灰色表示电量不足，需要进行补充充电；观察孔出现黑色则应更换蓄电池。

普通蓄电池检查电解液是否充足，不足时应及时加注电解液；用测量电解液密度的方法检查是否需要充电。

定期检查发电机输出电压是否符合标准，电压为（14.2±

0.2）伏。

2. 加注。普通蓄电池电解液不足时应及时加注。有两条红线的蓄电池，向内补充电解液至上下刻度线之间，电解液不得超过上红线。电解液太满会从蓄电池盖小孔中溢出，电解液导电，一旦流到蓄电池正、负两极之间，就会形成回路自放电。

3. 充电。充电时，保证室内空气畅通，远离明火，不可将电解液溅到人体或衣物上，以免造成意外伤害。

充电时间要视充电器的充电电流和蓄电池容量的大小以及剩余电量而定，常规充电应以不超过电瓶容量 1/10 的电流充 12～14 小时。

充电过程中电解液温度不得高于 45°，应将充电电流减半或停止充电以达到降温目的，但须相应延长充电时间。

充电结束时应先断开电源，方可使电源与极柱断开，以防止擦火而引起火灾或爆炸。

4. 保养。保持蓄电池外部端子清洁，如有氧化层，可用开水冲洗擦净，加注充电结束后，将蓄电池外部残留的电解液擦掉，蓄电池外部擦拭干净。

蓄电池应存放在清洁、干燥、通风的地方，温度为 0～40℃，搬运时应轻放，防止碰撞，切勿倒置。

蓄电池端子与电源线接头应连接牢固，以防启动时熔化端子。为防止端子氧化腐蚀，应在接线端子处涂抹凡士林。

二、小麦联合收获机的技术保养与存放

（一）训练场所

小麦联合收获机机库。

（二）设备材料

工具箱、气泵、纱布、万用表、清洗剂、电瓶水、比重计、水枪、压力水泵等。

（三）训练目的

熟练掌握小麦联合收获机保养步骤和注意事项。

掌握小麦联合收获机存放的操作规程。

（四）技术保养训练步骤

1. 清除与润滑。清除机器上的颖壳、碎茎秆及其他附着物，及时润滑一切摩擦部位。外面的链条要清洗，用机油润滑。

2. 检查发动机的技术状态。包括油压、油温、水温是否正常，发动机声音燃油消耗是否正常等。

3. 检查与调整割台。包括拨禾轮的转速和高度、割刀行程和切割间隙、搅龙与底面间隙及搅龙转速大小是否符合要求。

4. 检查脱粒装置。主要是滚筒转速、凹板间隙应符合要求，转速较高，间隙较小，但不得造成籽粒破碎和滚筒堵塞现象。

5. 检查分离装置和清选装置。逐稿器的检查应以拧紧后曲轴转动灵活为宜，轴流滚筒式分离装置主要是看滚筒转动是否轻便、灵活、可靠。

6. 其他项目检查。焊接件是否有裂痕，各类油、水是否洁净充足，紧固件是否牢固，转动部件运动是否灵活可靠，操纵装置是否灵活、准确、可靠，特别是液压操纵机构，使用时须准确无误。

（五）存放保管训练步骤

1. 清除尘土和污物。打开机组全部窗口、盖板、护罩，认真清除机内各处的草屑、断秸、油污，使机组清洁。

2. 入库前。卸下链条，用柴油清洗干净后浸没在机油中20分钟后，用纸包好单独存放；取下胶带，清洗后晾干，抹上滑石粉，妥善

保管；更换各部位的润滑油，然后无负荷地转动几下；在工作摩擦部位或脱漆处涂油防锈；用水刷洗机器外部，干后用抹布抹上少量润滑油。

3. 入库时。 机器入库时，降下收割台，放在垫木上，把驱动轮桥和转向轮桥用千斤顶顶起并垫好垫木，机体安放平稳且轮胎离地，减低轮胎气压至标准气压的 1/3；把安全离合器弹簧和其他弹簧放松。

4. 入库后。 保存期间，定期转动曲轴 10 圈，每月将液压分配阀在每一工作位置扳动 15～20 次，为防止油缸活塞工作表面锈蚀，应将活塞推至底部。

5. 注意事项。 发动机和畜电池按其各自的技术保管规程进行保管。

三、联合收获机的试运转

（一）训练场所

空旷的地头及田间道路；地势较平坦、少杂草、作物成熟度一致、基本无倒伏、具有代表性的地块。

（二）设备材料

谷神 4LZ－2 或其他型号联合收割机、随车工具等。

（三）训练目的

通过试运转，用以保证新购置或大修后的联合收获机良好的技术状态，延长机器使用寿命。

（四）训练步骤

联合收获机试运转首先按照《使用说明书》的要求加足相应牌号的燃油、机油、液压油、齿轮油和冷却水，对各润滑点加注润滑脂，对紧固件和张紧件进行紧固、张紧，然后按以下四个步骤进行：

1. 发动机试运转。 时间为 15～20 分钟。按照《柴油机使用说明书》的要求进行试运转。一般是由低速到高速进行无负荷空转，每种速度下的运行时间为 5 分钟左右。

2. 行走试运转。 时间为 5 小时。当发动机水温升高至 60℃以上时，从低挡到高挡，从前进挡到后退挡逐步进行，试运转过程中采用中油门工作，应留心观察，并检查以下项目：

（1）检查变速箱和离合器有无过热、异声，以及变速箱有无漏油现象，并检查润滑油面。

（2）检查前后轮轴承部位是否过热，轴向间隙应为 0.1～0.2 毫米。

（3）检查转向和制动系统的可靠性，以及刹车夹盘是否过热。

（4）检查两根行走皮带是否符合张紧规定。主离合器和卸粮离合器传动带能否兑开。

（5）检查轮胎气压，并紧固各部位螺栓，特别是前后轮轮毂螺栓、边减半轴轴承螺栓和锥套锁紧螺母、无级变速轮各紧固螺栓、前轮轴固定螺钉、后轮转向机构各腔螺栓、发动机机座和带轮紧固螺栓等。

（6）检查动力输出轴壳体和带轮是否过热。

（7）检查电器系统仪表、各信号装置是否可靠工作。

3. 联合收获机组试运转。时间 5 小时。

（1）联合收获机组试运转前的准备工作：①应仔细检查各传动 V 带和链条是否按规定张紧，包括倾斜输送器和升运器输送链条。②将轴流滚筒栅格凹板放至最大间隙。③打开籽粒升运器壳盖和复脱器月牙盖。④将联合收获机内部仔细检查清理后，用手转动中间轴右侧带轮应无卡滞现象。⑤检查所有螺纹紧固件是否可靠拧紧。

（2）先原地运转，从中油门过渡到大油门，仔细观察是否有异响、异振、异味和"三漏"（漏油、漏气、漏水）现象，再大油门运转 10 分钟后检查各轴承处有无过热现象。

（3）缓慢升降割台和拨禾轮油缸，仔细检查液压系统有无过热和漏油现象。

（4）联合收获机各部件运转正常后应将各盖关闭，栅格凹板间隙调整到工作间隙之后，方可与行走运转同时进行。

（5）停机检查各轴承是否过热和松动，各 V 带和链条张紧度是否可靠。

（6）检查主离合器、卸粮离合器接合和分离是否可靠。

4. 带负荷试运转。时间 30 小时，其中小负荷试运转 20 小时。带负荷试运转也就是试割过程，均在联合收获机收获作业的第一天进行。一般在地势较平坦、少杂草、作物成熟度一致、基本无倒伏、具有代表性的地块进行。开始以小喂入量低速行驶，逐渐加大负荷至额定喂入量。

试运转全部完成后，按《柴油机使用说明书》规定保养发动机，更换变速箱齿轮油和液压油。按该联合收割机使用说明书规定，进行一次全面的维修保养。

学习笔记

模块六
农业机械故障诊断与排除技术

1 农业机械故障的分析判断

机器技术状态诊断方法

机器技术状态诊断，就是利用诊断工具、仪器或设备，通过必要的检测程序，查明机器内部的技术状态和使用过程中的变化规律，从而做出正确的判断和决定。

机器技术状态诊断的方法可分主观诊断法和客观诊断法两类。主观诊断法是通过人的感官对机器技术状态作出评价的方法。客观诊断法是通过特定手段，对机器各部件技术状态作出评价。

主观诊断法包括问诊法、听诊法、观察法、触摸法、嗅闻法。①问诊法。向驾驶员询问机器工作时间、保养情况和机器发生故障前后的各种现象。②听诊法。启动发动机或驾驶机车，听变动油门或速度时的声音；听高速或低速时的转速是否稳定，敲击声有无变化，排气是否干脆等。例如，正时齿轮的响声，主要是由于齿轮牙齿磨损后齿侧间隙过大，齿面互相碰击，或轴承磨损后影响齿轮正常啮合而产生的。这种响声，可在正时齿轮室附近听到，而且随着发动机负荷的增加而增大。③观察法。观察排气颜色、机油颜色、有无泄漏、油和水缺不缺、仪表读数是否正常、火花塞与喷油嘴颜色如何等。④触摸法。用手触摸轴承发热的情况、机件与油箱的湿度、高压油管的油压脉动情况、部件的固定情况、刚启动时发动机各缸排气歧管温度的差别等。⑤嗅闻法。用嗅觉辨别排气烟味（结合排气颜色辨别是燃油味还是机油味）、烧焦味等。

下面以拖拉机和农用汽车为例，就客观诊断法进行详细介绍。

■ 机器技术状态客观诊断法应用

（一）发动机压缩系技术状态诊断

通过检查气缸压力，诊断压缩系的技术状态。测试时，卸下柴油机被测气缸的喷油器或汽油机被测气缸的火花塞，换装与之尺寸相同的压力测头，再将压力表接好。

测试时，一般规定曲轴转速为 300～500 转/分，当压力表指针稳定时，其读数为气缸压力值。

根据所测的结果，可做如下诊断：

（1）检查各缸压力差，汽油机不应超（0.7～0.8）×10^5 帕；柴油机不超过（1.7～2.0）×10^5 帕，否则发动机转动不均匀，并发生振动。

（2）若相邻两气缸同时发现压力降低，可能是相邻气缸垫处漏气。当缓慢摇转曲轴时对应缸垫交界处可以听到漏气声；也可在缸垫缝隙处涂上黄油，摇转曲轴时，可发现漏气位置。

（3）若单缸压力降低较显著，应区别是缸筒活塞组漏气还是气门漏气。摇转曲轴时，如在曲轴箱通气孔（去掉填料）处听到较大的空气噪声，则可判断为活塞环与缸筒漏气；如去掉空气滤清器后，在进气管和排气管处听到"嘶嘶"声，则是气门漏气。

（二）燃油系技术状态诊断

1. 汽油机燃油系技术状态诊断。通过对废气检测，掌握混合气浓度，以诊断其技术状态。检测时，把热电阻式废气分析仪的取样夹头夹在被测发动机排气消音器尾端。当燃油系发生故障时，供给发动机的混合气浓度发生变化，废气中一氧化碳和二氧化碳含量随之变化，导致废气分析仪的指针偏转角度也随之变化。因此，按其指针指示可得知混合气的浓和稀，根据所测定的结果可做如下诊断：

（1）混合气过稀。故障原因如下：①浮子室油面调得过低。②主量孔、主供油道堵塞，或主量孔配剂针旋入过多。③汽油泵供油压力下降，或因摇臂磨损影响泵膜拉杆的行程，使供油量减少；汽油滤清器淤塞，汽油中有水以及气阻等，供油不足。④化油器及进气歧管衬垫损坏或密封不严而漏气。⑤油管或滤清器部分堵塞，阻力增大，或油管破裂产生漏气。

（2）混合气过浓。故障原因如下：①阻风门处于关闭状态或空气滤清器严重堵塞。②浮子室油面调得过高，浮子破裂或舌片及支架变形致使油面过高，化油器的三角针阀卡住或与阀座不密合。③主量孔配剂针调整不当或磨损扩大。④省油器球阀不密闭，球阀弹簧折断，真空省油器的柱塞磨损漏气或卡住，或省油装置漏油致使省油器供油失常。⑤主供油装置空气量孔堵塞。⑥汽油泵供油压力过大。

2. 柴油机燃油系技术状态诊断。柴油机燃油系技术状态不良导致柴油机常见故障有发动机启动困难或不能启动、发动机功率不足和排放烟色不正。针对这三种故障现象对其燃油系做如下诊断：

（1）发动机启动困难或不能启动的故障原因有：①启动转速太低或启动预热不够。②燃油不足或油箱开关未打开，油箱盖通气孔堵塞，柴油质量欠佳。③油路中有水或空气。④空气滤清器或柴油滤清器堵塞、油管堵塞、破裂或管接头漏油。⑤输油泵工作不良，低压油路限压溢流阀不密封或弹簧太弱而造成油压太低。⑥喷油泵柱塞偶件、出油阀偶件及喷油器针阀偶件磨损过大或卡住，柱塞回位弹簧、出油阀弹簧及喷油器调压弹簧太弱或折断。⑦喷油器调整不当，喷孔堵塞，喷油量过小或雾化不好。⑧喷油泵供油时间过早或过迟，高压油管破裂或接头松动。⑨气缸压缩压力不足。

（2）发动机功率不足的故障原因有：①燃油系的管道、柴油滤清器和空气滤清器堵塞；油管接头松动或衬垫密封不严；油路中有水和空气，致使供油量减少。②输油泵供油不足。③柱塞偶件磨损过大；喷油泵供油量不足或不均匀；油量调节拉杆（调节齿杆）卡住，不能移到最大供油位置。④喷油泵出油阀密封不良。⑤供油时间过早或过迟。⑥调速器运动件卡住，调速弹簧折断及调速器调整不当，致使喷油泵供油量减少。⑦所用柴油牌号不正确。⑧喷油器脏污，雾化不良或针阀卡住。⑨喷油器衬垫漏气，个别缸工作不良。

（3）排气烟色不正，正常为淡灰色。排气烟色为黑色或白色为燃油系故障，其故障原因如下：①冒黑烟：供油时间过迟；供油量调整过大或各缸供油量不均匀；喷油器雾化不良或滴油；调速器或最大供油量限制螺钉调整不当；空气滤清器严重堵塞，造成进气量不足；经常在超负荷情况下运行。②冒白烟：喷油器滴油雾化不良；燃油中含有水分；供油时刻过迟。

（三）润滑系技术状态诊断

润滑系技术状况的好坏，经常用机油压力的高低和润滑油的品质来衡量。

1. 机油压力过低的故障。原因如下：

（1）润滑油黏度太低或油底壳油面太低。

（2）主油道限压阀调整不当或其弹簧过软。

（3）机油泵齿轮磨损、泵盖磨损或泵盖衬垫太厚而造成泵油压力降低。

（4）润滑系密合面、阀门及管道接头不严密或润滑油路破裂，产生漏油，使进入油道的油量不足而引起油压下降。

（5）机油集滤器滤网堵塞。

（6）机油细滤器破损而渗漏过大。

（7）机油粗滤器堵塞而旁通阀开启困难。

（8）机油粗滤器旁通阀弹簧折断或弹簧过软。

（9）曲轴主轴承、连杆轴承或凸轮轴轴承磨损松旷或轴承盖松动，造成大量泄漏。

（10）汽油泵膜片破裂使汽油漏入油底壳，或燃烧室未燃气体漏入曲轴箱，将机油稀释。

（11）气缸盖衬垫密封不良，冷却水漏入油底壳。

2. 机油压力过高的故障。原因如下：

（1）机油黏度过大。

（2）主油道及分油道发生堵塞。

（3）限压阀调整不当或卡死。

（4）新装的发动机曲轴主轴承、连杆轴承、凸轮轴轴承间隙太小。

3. 机油变质。 机油颜色变黑，油膜呈黑色或灰色。此外还有黏度下降或上升、添加剂性能丧失等现象。故障原因如下：

（1）活塞环的磨损造成高温高压气体进入曲轴箱，使机油变质。

（2）曲轴箱通风不良。

（3）机油滤清器、空气滤清器的滤芯堵塞或净化效果不良。

（4）汽油泵膜片破裂，汽油漏入油底壳。

（5）发动机气缸体破裂，冷却水漏到油底壳。

（四）离合器技术状态诊断

1. 离合器打滑。 一般表现为拖拉机刚一起步时行动缓慢，重负荷时显得无力。若打滑时间过长，摩擦片因强烈摩擦而产生高温，冒出青烟和带有烧焦气味，离合器壳体部位发热。打滑原因如下：

（1）离合器踏板行程过小或无行程。

（2）摩擦片有油污，磨损严重，铆钉露出。

（3）离合器弹簧变软或折断，分离轴承不能回位。

2. 离合器分离不彻底。 表现在换挡时变速箱有打齿的响声，挂挡困难，严重时会损坏变速箱齿轮。原因如下：

（1）主离合器分离轴承间隙过大，踏板自由行程过大。

（2）分离杠杆弯曲或调整螺钉松动，使分离杠杆端面不在同一平面上。

（3）带有小制动器的离合器，制动器的压合间隙（3～5毫米）过小或消失，制动摩擦面有油污或磨损严重。

（4）从动盘翘曲，铆钉松动或更换了过厚的新摩擦片。

（5）从动盘花键毂键槽与离合器轴花键磨损，使从动盘移动困难。

3. 起步时离合器抖动。原因如下：

（1）分离杠杆端面不在同一平面上。

（2）压盘变形，磨损起槽；从动盘铆钉松动，摩擦片不平或破裂。

（3）离合器弹簧弹力不一致，个别弹簧折断。

（4）飞轮、离合器壳、变速箱等有关零件的连接螺栓松动。

4. 离合器发出不正常的声音。原因如下：

（1）分离轴承缺油或磨损严重，回位弹簧过软、折断或脱落。

（2）分离杠杆销孔磨损松旷，摩擦片铆钉松动或外露。

（五）变速箱技术状态诊断

1. 变速箱有异常响声。主要原因如下：

（1）在空挡时有异常响声，踏下离合器踏板后响声消除。一般是第一轴前、后轴承磨损松旷，引起常啮合齿轮发响。如换入任何挡位都有响声，多是第二轴后轴承磨损松旷引起。

（2）行驶中换入某挡后，响声明显，则是该挡齿轮磨损过甚。若出现周期性响声，则是个别齿轮损坏。

（3）突然出现撞击响声，多是齿轮断裂所致。

（4）某挡出现无节奏而沉闷的响声，用手握住变速杆时，响声即消除。多是由于该挡拨槽或变速杆下端拨头磨损。

2. 挂不上挡或挂挡困难。主要原因如下：

（1）离合器未彻底分离或联锁机构调整不当。

（2）变速箱各运动零件，如花键、拨叉等磨损、松旷和变形，相互位置关系失常，配合不当，使齿轮移动阻力增大。

（3）拨叉轴弯曲，端部严重起毛；拨叉轴与轴孔磨损松旷，使之轴向移动不灵。

（4）齿轮油液黏度过大；拨叉轴锈蚀咬住；定位弹簧过硬，定位销卡滞，使拨叉轴移动困难。

3. 自动脱挡。一般是换挡机构、自锁机构的零件磨损或变形，齿轮轮齿及花键齿的磨损等，破坏了正常配合而引起的。

4. 窜挡。 除自动脱挡可能引起窜挡外，还有以下原因：

（1）变速杆中部球头及座、下部拨头磨损严重，使拨头窜槽。

（2）互锁销、球或变速杆寻板槽磨损，失去互锁作用。

（3）换挡用力过猛。

5. 变速箱漏油、发热。 主要原因如下：

（1）齿轮啮合间隙过小，轴承、垫圈装配过紧。

（2）润滑油不足、黏度过小或变质。

（3）油封损坏老化，油封弹簧弹力不足，接合平面不平或纸垫损坏。

（4）轴颈油封部位磨损，箱体有裂纹，螺塞松脱等。

（六）后桥技术状态诊断

1. 后桥产生异常响声和敲击声。 主要原因如下：

（1）齿轮啮合状态破坏。

（2）轴承磨损或损坏，使齿轮啮合条件发生变化。

（3）齿轮齿面剥落、轮齿断裂及齿面龟裂。

（4）紧固装置松动。

2. 后桥过热。 通常有烫手的感觉，主要原因如下：

（1）轴承装配过紧。

（2）齿轮啮合间隙过小。

（3）油量不足，润滑油变质或油牌号不正确。

（4）制动器调整不当，或长期未进行检查和调整，使制动带与制动毂间隙过小而发热（履带式拖拉机）。

（七）轮式拖拉机和农用汽车转向及制动机构技术状态诊断

1. 转向沉重。 主要原因：转向机构轴承安装过紧，转向器啮合间隙过小，纵、横球头销装配过紧或缺油，转向器主销装配过紧，转向轴弯曲，前桥车架弯曲变形，前束调整不当，转向器润滑不良。

2. 方向盘转动不稳。 主要原因：转向轴上下轴承及转向器啮合间隙过大，纵横拉杆球头销磨损松旷，转向器主销与铜套磨损严重，前轮轴承磨损松旷，前束调整过大，前轴弯曲，车轮和轮缘变形。

3. 行驶中自动跑偏。主要原因：左、右前轮气压不一致或钢板弹簧弹力不一致，单边车轮制动拖滞，前轴或车架变形，前轮定位发生变化。

4. 制动失灵。气压式制动不灵的主要原因：贮气筒内气压不足；制动室膜片破裂或损坏；制动臂调整螺钉调整不当，行程太大；制动踏板自由行程过大；气管破裂或接头松动漏气，制动毂与制动蹄间隙过大；制动蹄片磨损，铆钉露出或沾有油污。

5. 制动单边。主要原因：左、右制动器间隙不一致、摩擦材料不同或接触材料不一样；个别车轮摩擦片沾有油污或铆钉外露；个别车轮制动凸轮卡住；各车轮制动器回位弹簧弹力相差太大；个别制动毂失圆。

6. 制动拖滞。气压式制动拖滞的主要原因：控制臂与排气阀的行程调整不当造成排气阀弹簧折断，使排气阀不能完全打开；制动气室推杆伸出过长或弯曲、变形而卡住；制动凸轮轴转动不灵活；制动蹄弹簧过软或折断；制动蹄与制动毂间隙过小；制动气室有水，影响膜片复位。

（八）行走系技术状态诊断

1. 前轮定位不当。汽车或轮式拖拉机前轮定位不当所引起的故障：前轮前束过大或过小，使轮胎产生偏磨；主销后倾角过小，行驶不稳定；主销后倾角过大，转向沉重；主销内倾角过小，行驶稳定性差，方向操纵频繁，驾驶强度增加；前轮外倾角过大或过小，都将加剧轮胎偏磨，外倾角过小，还可引起转向沉重。

2. 链轨过紧过松。链轨过紧，拖拉机行驶中能使缓冲弹簧挡圈的固定螺栓折断，导向轮和驱动轮轴承磨损加快；链轨过松，使拖拉机在转向时，链轨从驱动轮或支重轮的啮合中脱出。因此，必须有适当的紧度，必要时可去掉一块链节。

2 农业机械故障的检查方法

故障的症状是故障原因在一定的工作条件下的表现，当变更条件时，故障也随之改变。只有在某一条件下，故障的症状表露得最为明显。因此，分析故障可采用轮流切离法、换件比较法和试探反证法。

■ 轮流切离法

在分析故障时，常采用停止某部分或某系统的工作，观察症状的变化或使症状更为明显，以判别故障的部位。例如断缸分析法，轮流切断各缸的供油或点火，观察故障的变化，判明该缸是否有故障。

■ 换件比较法

分析故障时，如果怀疑某一部件或零件是故障的起因，可用技术状态完好的新件或修复件替换，并观察换件前后机器工作时故障症状的变化，断定原来部件或零件是否是故障原因所在。例如，分析发动机时，常用此法对喷油嘴或火花塞进行检验。

■ 试探反证法

在分析故障原因时，往往进行某些试探性的调整、拆卸，观察故障症状的变化，以便查寻或验证故障产生的部位。例如排气冒黑烟，结合其他症状分析结果，怀疑喷油嘴喷射压力降低，在此情形下可稍调整喷油嘴的喷射压力，如果黑烟消失，发动机工作转为正常，即可断定故障是由于喷油嘴喷射压力过低造成的。应用此法必须遵守少拆卸的原则，只有在确有把握能恢复原状态时才能进行必要的拆卸。

上述几种分析故障的方法，在实际工作中常常是综合交错地采用，以达到相辅相成的良好效果。

3 主要农机具常见故障排除技术

■ 拖拉机故障排除技术

(一) 烧损气缸垫

1. 现象。

(1) 在相邻两气缸间烧损，则两缸压力均不足，工作时冒烟，发动机无力。

(2) 在气缸与水套间烧损，则水箱有气泡上冒，水温升高。

(3) 在气缸与润滑油孔间烧损，机油温度上升，送往配气机构的机油带泡沫。

(4) 在气缸与润滑油孔及冷却水套之间同时烧损，在水箱上漂有机油泡沫，油底壳有水，还可能由排气管排出机油和水汽。

(5) 在气缸与大气相通部位烧损，如螺栓孔、缸垫边缘部位，漏气处有"嗤嗤"声和淡黄色泡沫。

2. 原因。

(1) 气缸垫压紧力不足或不均；气缸盖螺母松动或拧紧次序不正确。

(2) 缸盖或机体翘曲变形；缸盖或机体平面被局部腐蚀，出现斑点或凹坑。

(3) 缸套凸出缸体高度不足，或各缸凸出的高度不一致。

(4) 气缸垫质量不好，有皱纹或厚薄不均。

(5) 发动机温度过高。

3. 排除方法。

(1) 发动机换用新气缸垫后，工作 10～15 小时，应按规定顺序拧紧气缸盖螺母，以后每工作 250 小时左右再检查并拧紧一次。

(2) 修平机体与气缸盖间的接合面；修理或调整气缸套凸出高度

至规定值。

（3）装气缸垫前可在两面涂刷 0.03～0.05 毫米厚的石墨膏（或密封胶），以增加贴合的严密性。

（4）气缸垫稍有烧损，应立即更换。

（二）气门关闭不严

1. 现象。气缸压力减小，不减压时摇转曲轴，可听到漏气声；发动机冒黑烟，功率下降；发动机启动困难。

2. 原因及排除方法。

（1）气门与气门座之间有积炭或烧蚀，甚至出现剥落、烧伤、斑点等缺陷。前者应研磨气门，后者则先磨气门和铰修气门座，再进行研磨。

（2）气门与气门导管配合间隙不正确，间隙过大，气门晃动，关闭时会产生偏斜，造成密封不良；间隙过小，气门在导管中卡滞，使气门不能关闭或关闭不严。应检查气门导管的配合间隙，必要时更换气门导管。

（3）气门弹簧弹力不足或折断，使气门不能关闭或关闭不严。应更换气门弹簧。

（4）气门间隙过小，使气门等杆件受热后顶开气门。应重新调整气门间隙。

（三）机油消耗过多，油面降低较快

1. 现象。发动机每天需要添加过多的机油，则说明机油消耗过多。机油消耗量一般不大于 6.8 克/（千瓦·小时）为正常。

2. 原因。外部泄漏或部分机油窜入燃烧室烧掉。

3. 排除方法。

（1）如果是由于泄漏引起的，应对泄漏处进行修补。

（2）如果是由于烧机油引起的，排气管冒蓝烟，应检查活塞环的磨损情况，必要时更换新的活塞环。

（3）如果活塞与缸套偏磨严重，造成烧机油，应进行检查修理。

（四）冷却水温度过高

1. 原因。

（1）冷却水不足。

（2）风扇皮带过松或折断。

（3）冷却系统水垢过多，散热不良。

（4）节温器失灵，主阀不能打开。

（5）水泵工作不良。

（6）发动机长期超负荷工作或喷油时间过晚等都可能引起发动机过热。

2. 检查与排除方法。

（1）检查水量。待机温下降后，打开水箱盖，如冷却水不足，应在水温下降后加足冷却水。

（2）检查风扇皮带的松紧度，如不适宜则调整。

（3）如果散热器和水套的水垢长期未清洗，应进行清洗。

（4）检查水泵叶片的磨损情况和水泵固定销是否折断，如有问题应予以修理。

（5）检查节温器。拆下节温器放入热水中，当水温达到 70℃ 左右时，主阀应开始打开；在 80~86℃ 时，应全部打开。阀门高度一般不小于 9 毫米。如不符合要求，应对其修复或更换。

（6）避免发动机长期超负荷工作。

（五）离合器分离不彻底

1. 主要原因。

（1）离合器踏板自由行程过大，使分离行程变小。

（2）三个离合器分离杠杆头部不在同一平面。

（3）从动盘翘曲过大。

2. 排除方法。调整分离杠杆与分离轴承的间隙（自由间隙），确保三个分离杠杆头部在同一平面内；矫正从动盘或更换新件。

■ 联合收获机故障排除技术

(一) 切割刀片损坏

主要原因：在切割过程中遇到石块、树根等硬物；护刃器松动或变形，使定刀片高低不一致；刀片铆钉松动，切割时相碰等都可能引起切割刀片损坏。为预防刀片损坏，操作时应注意切割器前面的障碍物，防止刀片切割铁丝等硬物，或者与石块、电线杆、木桩等相撞。保养时，要经常检查和调整护刃器，使定刀片在同一水平面内，松动的刀片要及时铆紧。

(二) 刀杆折断

主要原因：割刀运动阻力太大或割刀驱动机构的安装位置不正确。为预防刀杆折断，应正确调整切割器，使割刀运动阻力减小，同时调整割刀驱动机构安装位置，以达到装配要求。刀杆折断后，应更换备用割刀，并对折断刀杆进行修复。麦收过后，卸下的割刀应放在库内平架上或垂直挂在库内的梁上，避免刀杆弯曲变形。

(三) 割台螺旋推运器打滑

主要原因：推运器的螺旋叶片与割台底板的间隙过大，尤其是在收割稀矮小麦时，叶片抓不住已割作物，不能及时输送，在推运器前堆积、堵塞，引起割台螺旋推运器打滑。为预防此故障的产生，应根据作物的稀密、高矮等不同情况，正确调整好螺旋叶片与割台厢板的间隙。当叶片边缘磨光时，会降低推运效率，可用扁铲或锉刀加工出小齿，以提高其抓取和推送能力。

(四) 滚筒堵塞

主要原因：作物太湿、太密，杂草多；行走速度过快；脱粒间隙小，或滚筒转速低；传动皮带打滑；发动机马力不足；逐稿轮和逐稿器打滑不转；喂入不均等。为了预防滚筒堵塞，在收割多草潮湿作物时，应适量增大滚筒与凹板的间隙；当听到滚筒转速下降声时，应降低机车前进速度或暂时停止前进；调整传动带的紧度；正确调整滚筒的转速和逐稿器木轴承的间隙。若滚筒堵塞，应关闭发动机，将凹板放到最低位置，扳动滚筒皮带，将堵塞物掏净。

（五）滚筒脱不净

主要原因：滚筒转速过低、凹板间隙过大、作物喂入量过大或喂入不均匀；钉齿、纹杆和凹板栅条过度磨损，脱粒能力降低，或凹板变形造成脱粒不净；收获时间过早，作物过于湿润，脱粒难度大，致使脱粒不净。针对以上原因可提高滚筒转速，减少凹板间隙，或降低联合收获机前进速度；更换钉齿、纹杆、凹板；适当提高滚筒转速和减少喂入量，可提高脱净率。

（六）筛面堵塞

主要原因：脱粒装置调整不当，碎茎秆太多，风扇吹不开脱出物，使前部筛孔被碎茎秆、穗"堵死"，而引起推运器超负荷或堵塞；清洗装置调整不当，筛子开度小，风量小，风向调整不当，筛子振幅不够或倾斜度不正确，造成筛面排出物中籽粒较多，清选损失增大；作物潮湿或杂草太多，以致伴随清洁度降低。针对以上原因，应适当减少喂入量，降低滚筒转速或适当加大脱粒间隙，提高风量和改变风向，调整筛面间隙，以改善筛面和推运器的堵塞；调节筛子开度和风量；改变尾筛倾斜度，增加滚筒转速等。

（七）链条断裂、掉链和脱开

主要原因：链条松紧度不合适；链条偏磨；传动轴弯曲，使链轮偏摆；链条严重磨损后继续使用；链轮磨损超过允许限度；套筒滚子链开口销磨断脱落，或接头卡子开口方向装反；钩形链磨损严重或装反。为预防此故障的产生，必须使同一传动回路中的各链轮在同一转动平面内；经常检查链条的磨损情况，及时修理和更换；经常检查链条接头开口销的情况，必要时更换；矫直弯曲的传动轴，使链轮转动时不超过允许的摆动量；正确调整链条的松紧度；及时修理和更换超过磨损限度的链轮，正确调整安全离合器；及时润滑传动链条。

（八）启动故障

1. 不能启动。用万用表或测试灯泡检查启动电机接线柱间有无12伏电压。如有，则说明启动电机没有故障，若没有，则启动开关接触不良，应修理或更换。

2. 启动无力。蓄电池极桩接触不良（称虚接），或蓄电池电力不足都会造成启动无力。应紧固极桩或充电，闭合灯系开关或喇叭开关，若灯亮度正常、喇叭响声正常，则电力充足，否则电力不足。判断极桩虚接的方法是启动一下发动机，然后用手触摸极桩，如极桩发热则说明虚接。

（九）充电故障

1. 不充电。不充电可能是调节器或发电机出了故障。判断的方法是启动发动机，在怠速状态，用导线（体）短路调节器电源和磁场端，看电流表反应，若无变化，可慢加油门，提高转速，若有充电电流，说明调节器损坏，应更换调节器；若仍无反应，说明发电机损坏，应修复或换发电机。

2. 充电电流过大。电流表的正常工作状态，应该是刚启动时充电电流较大，几分钟后表针指示渐趋于正常。若长时间指示的充电电流过大，说明调节器损坏，应换新的。

（十）灯光和指示仪表故障

1. 灯不亮。灯不亮多是保险丝烧断。如保险丝完好，可检查灯泡和导线接头。

2. 指示仪表没有指示。仪表没指示，可接通电源，短路相应的传感器。如仪表出现指示，说明传感器损坏，若仍没有指示，则仪表损坏，应换新的。

3. 指示不回位。接通电源，仪表指示最高位，发动机工作时，指针不能回到正常指示。断开传感器，如仪表指示能回到零位，说明传感器短路，应换新的；如断开传感器，仪表指示仍不能回零，说明仪表损坏。

■ 其他主要农机具故障排除技术

（一）精量播种机常见故障排除

表 6-1　精量播种机常见故障及其排除方法

故障现象	产生原因	排除方法
穴距不匀	1. 镇压轮打滑率过大 2. 行驶速度不匀或行走轮（驱动轮）打滑率过大	1. 调整压力弹簧 2. 均匀行驶或加长着地爪
播量不稳	1. 气吸泵能力不足 2. 排种盘不平，产生漏气和振动 3. 种子不净，有夹杂物 4. 刮种器调节不佳 5. 排种轮窝眼磨损	1. 调整气吸泵转速 2. 更换排种吸盘或校平 3. 清选好种子 4. 重新调整 5. 更换排种轮
覆土过多或不足	覆土器角度调节或配重不当	重调整
气吸泵吸气能力过低	叶轮盘内壁沾满泥土等杂质而堵塞	卸下叶轮盒盖，清理干净内壁

（二）机动插秧机常见故障排除

表 6-2　机动插秧机常见故障及其排除方法

部位	故障现象	产生原因	排除方法
行走部分	地轮不转	1. 皮带轮打滑 2. 离合器打滑 3. 跳挡	1. 张紧皮带 2. 调整离合器 3. 找出跳挡原因，予以排除
工作部分	不工作	万向节销折断	更换销子
	一组栽植臂不工作，并有响声	秧爪在取秧口碰石块、树根等异物	清除异物，检查分离针有无变形，如已变形损坏，就及时维修或换针

（续）

部位	故障现象	产生原因	排除方法
工作部分	一组栽植臂不工作，而无响声	链条活节脱落	重新上活节
	高速运转时一组栽植臂或整个栽植臂不工作，并有响声	安全离合器弹簧弹力减弱	1. 加垫调整 2. 换件修理
	推秧器不推秧或推秧缓慢	1. 推秧杆弯曲 2. 推秧弹簧弱或损坏 3. 推秧拨叉生锈 4. 栽植臂体内缺润滑油 5. 分离针变形与推秧器没有间隙	1. 换件修理 2. 换件修理 3. 维修或换件 4. 润滑 5. 校正或更换分离针
	推秧器推秧杆过分松动	导套磨损	换件修理
	栽植臂体内进泥水	油封和挡泥密封圈损坏或密封性差	换件
	栽植臂体内有清脆的敲击声	未装缓冲胶垫或缓冲胶垫损坏	追加或换件
	定位离合器失灵	1. 钢丝绳长度调整不当 2. 分离销磨损	1. 调整钢丝绳长度 2. 换件修理
	秧箱横向移动时有响声	1. 上滑道和下滑道缺油 2. 滚轮和防磨板变形或磨损	1. 加油 2. 换件，调整滚轮支臂固定位置
	秧箱两边剩苗	1. 秧箱驱动臂夹子松动 2. 导套、双向螺旋轴、指销等磨损	1. 紧固 2. 换件
	纵向送秧失灵	1. 棘轮齿部磨损 2. 棘爪变形或损坏 3. 送秧弹簧弱或损坏	1. 换件 2. 换件 3. 换件

（三）旋耕机常见故障排除

表 6 - 3　旋耕机常见故障及其排除方法

故障现象	故障原因	排除方法
旋耕机工作时跳动	1. 土壤坚硬 2. 犁刀安装不正确	1. 降低拖拉机的挡位及犁刀轴转速 2. 按规定重新安装犁刀
工作负荷过大	1. 耕幅过宽及耕得过深 2. 土壤黏重、干硬、比阻过大	1. 减少耕幅或耕深 2. 拖拉机选用低挡，降低犁刀轴旋转速度
工作时有金属敲击声	1. 犁刀固定螺钉松动 2. 犁刀轴两端的犁刀变形后撞侧板 3. 传动链条过松	1. 紧固犁刀固定螺钉 2. 校正或更换犁刀 3. 调整链条紧度
齿轮箱有杂音	1. 轴承损坏 2. 齿轮牙齿损坏 3. 箱内有异物落入 4. 圆锥齿轮侧间隙过大	1. 更换新轴承 2. 更换或修复齿轮 3. 清理齿轮箱取出异物 4. 调整圆锥齿轮的侧间隙
旋耕机向后间断抛出大块土	犁刀弯曲变形，断裂或丢失	校正、更换或补装犁刀
耕后地表起伏不平	1. 旋耕机左右不水平 2. 刀片安装不正确 3. 拖板调节不当	1. 旋耕机左右调整水平 2. 重新正确安装刀片 3. 正确调整拖板
犁刀轴转不动	1. 齿轮卡死，轴承损坏 2. 刀轴及侧板变形 3. 犁刀间被泥土堵死	1. 修理或更换齿轮和轴承 2. 修复刀轴或侧板 3. 清除泥土
刀座脱焊断裂	1. 犁刀碰到坚硬物时受力过大 2. 焊接质量差 3. 犁刀装反，阻力过大 4. 降落时太猛，冲击力过大	1. 重新焊接 2. 重新焊接 3. 正确安装犁刀 4. 工作时旋耕机要缓慢降落
漏油	1. 油封或纸垫损坏 2. 箱体有裂纹	1. 更换油封或纸垫 2. 修复箱体

（续）

故障现象	故障原因	排除方法
链条断开	1. 旋耕机落地过猛 2. 链条质量差 3. 链条卡住 4. 机组遇到较大阻力时，油门加得过大	1. 缓慢降落旋耕机 2. 更换高质量的链条 3、4. 遇到较大阻力时应停车检查，找出原因，排除后再继续作业
犁刀变形或折断	1. 石块、树根或其他坚硬物体碰撞所致 2. 地头转弯时，犁刀没出土 3. 犁刀热处理质量没有达到要求	1. 清除石块、树根及坚硬物体 2. 转弯时要将旋耕机升起 3. 提高犁刀制造质量
万向节飞出	1. 十字节损坏 2. 方轴插销脱落 3. 孔用弹性挡圈损坏	1. 修复或更换十字节 2. 装上插销 3. 更换挡圈
轴承过热	1. 润滑油不足 2. 轴承间隙过小 3. 轴承损坏	1. 定期检查油面 2. 调整间隙到规定值 3. 更换轴承

（四）秸秆还田机常见故障排除

表 6 – 4　秸秆还田机常见故障及其排除方法

故障现象	故障原因	排除方法
万向轴折断	传动系统有卡死、干涉现象	排除故障后更换万向节
机具强烈振动	1. 甩刀有折断、脱落 2. 紧固螺丝有脱落 3. 旋转部分有碰撞 4. 轴承有损坏 5. 万向节安装有错误	1. 成组更换 2. 拧紧 3. 检修 4. 更换 5. 按正确方法安装
V 带磨损严重	1. 张紧度不当 2. 皮带长度不一样	1. 调整 2. 成组更换

（续）

故障现象	故障原因	排除方法
变速箱有杂音，温升高	1. 齿轮间隙不适当 2. 轴承间隙不适当 3. 齿轮损坏 4. 缺油	1. 调整啮合间隙 2. 调整至转动灵活 3. 更换 4. 加注齿轮油
轴承过热	1. 缺油或油失效 2. 传动轴发生扭曲干涉 3. V带太紧 4. 轴承损坏	1. 注足润滑油 2. 重新调整 3. 适当调换 4. 更换
粉碎作业质量变差	1. V带打滑 2. 甩刀磨损严重 3. 留茬过高 4. 拖拉机行进过快	1. 适当调整 2. 成组更换 3. 调低 4. 减速作业

参考文献

胡霞 . 2012. 农机操作和维修工 . 北京：科学普及出版社 .

胡霞 . 2010. 新型农业机械使用与维修 . 北京：中国人口出版社 .

农业部农机行业职业技能鉴定教材编审委员会 . 2003. 农机修理工 . 北京：中国农业科学技术出版社 .

单元自测

1. 农业机械故障诊断中的主观诊断法有哪几种？具体内容是什么？

2. 农业机械故障检查方法有哪几种？具体内容是什么？

3. 拖拉机、联合收获机、水稻插秧机、精量播种机、旋耕机、秸秆还田机的常见故障有哪些？

技能训练指导

一、拖拉机离合器分离不彻底故障的诊断与排除

（一）训练场所

空旷的地块及乡间道路。

（二）设备材料

拖拉机、随车工具等。

（三）训练目的

正确分析和判断拖拉机离合器分离不彻底故障原因。

排除拖拉机离合器分离不彻底的故障。

（四）训练步骤

1. 查明故障现象。 在试车路段，开动拖拉机，掌握故障现象。

2. 分析查找故障原因。 查找故障原因应按顺序依次检查。可能引起离合器分离不彻底的主要原因有：

（1）踏板自由行程过大。

（2）自由间隙太大。

（3）3 个分离杠杆的端面不在同一平面内。

（4）调整螺母松动。

（5）从动盘钢片翘曲。

3. 排除故障。 调整分离杠杆与分离轴承的间隙（自由间隙），确保 3 个分离杠杆头部在同一平面内；矫正从动盘或更换新件。排除故障的方法是根据检查具体车型的技术要求确定。

4. 复查排除效果。 重新试车，开动拖拉机。

二、谷物联合收获机滚筒堵塞故障排除方法

（一）训练场所

麦收试运转地块。

（二）设备材料

雷沃谷神 4LZ-2 等联合收获机、随车工具等。

（三）训练目的

掌握联合收获机滚筒堵塞故障及排除方法。

（四）训练步骤

1. 检查油门。油门太小，导致滚筒驱动力克服不了脱粒阻力，在作业中应保持中、大油门。

2. 检查作业速度。作业速度过高，导致实际喂入量超过机器所能承受的喂入量。在收割倒伏状态的作物时，喂入量会出现时多时少的波动情况，这时应注意控制好前进速度，并用升降手柄控制好割台，以保持收割机喂入量均匀。

3. 检查离合器和传动带。传动带打滑，除传动带磨损严重、过松或沾有油污外，张紧轮拉杆调整螺母松退也是常见原因。引起离合器打滑的常见原因有摩擦片上沾有油垢，摩擦片磨损或损坏，离合器间隙调整不当等。消除故障应消除并预防作业离合器及传动皮带打滑。

4. 检查滚筒转速。滚筒转速调整是否不当。根据所收获作物的种类及长势情况，适当调整滚筒转速，并掌握好与之相匹配的作业前进速度。

5. 检查滚筒与凹板的间隙。正确调整滚筒与凹板之间的间隙。

6. 检查逐稿轮上下栅条位置。如果上栅条安装调整不当，工作中逐稿轮叶片就会刮带秸秆；下栅条位置调整不当，就不能起到对秸秆的导向作用，使滚筒不能向后流畅地抛出秸秆，因而引起堵塞。逐稿轮上下栅条位置调整：上栅条与逐稿轮圆筒之间应有5～15毫米的间隙，下栅条与逐稿轮叶片顶的适宜间隙为30毫米。

7. 检查栅状凹板。栅状凹板混杂物堵塞，使滚筒与凹板间隙越来越小，最后导致堵塞。应停机进行清除。

学习笔记

模块七
农业机械化新技术

1 农业机械化重点推广新技术

■ 玉米生产机械化技术

玉米生产机械化技术包括主体技术和配套技术。主体机械化技术重点应用于播种和收获作业环节，配套机械化技术主要应用于田间管理。适宜区域：玉米主产区。

（一）机械化播种技术

用播种机械完成符合玉米播种农艺要求的全部作业环节的技术，主要包括开沟、播种、施肥、覆盖、镇压。春玉米的种植主要适宜于一年一作地区，播种方式为机械直播，时间在4月底至5月上旬；夏玉米种植适宜于一年两作地区，播种方式和时间为麦收前机械套种和麦收后机械直播两种。按播前对土壤处理方式和地表状况，可分为传统播种、少耕播种和免耕直播；按播种量和播种方式，可分为点播、穴播和条播；按排种器结构和形式，可分为机械式和气力式，其中机械式包括槽轮式、窝眼式、勺轮式等多种排种方式，气力式包括气吸式和气吹式两种排种方式。

玉米机械化播种技术要求一次完成全部播种作业内容和技术环节，同时还要具有破土（茬）开沟、分草防堵、化肥深施、覆土镇压等功能，并要求保证播量适宜、深度一致、覆土严实、镇压适度等机

械播种的质量要求，为种子萌发创造一个良好的种床环境。播种深度是机械化播种技术的一个关键质量因素，深度适宜，覆土均匀，有利于苗全、苗齐、苗壮；玉米播种深度主要根据土壤墒情和土壤质地来决定；播种深浅应保持一致，可以提高群体整齐度，有利于均衡发挥群体生育优势。玉米播种机的整体结构与通常使用的小麦播种机类似，所不同的是玉米播种机一般是穴播机，每穴粒数为 1～3 粒，播深以 4～5 厘米为宜。一般土壤墒情好的地块，播深以 4 厘米为宜；黏土或土壤过湿时，播深宜浅，以 3～4 厘米为好；底墒不足，特别是沙土、沙壤土以及麦田套种玉米，播种深度应适当增加。播种机有 2 行、3 行、4 行、6 行的机型；免耕播种作业机型：春玉米播种以 4 行、6 行播种机为主，夏玉米播种以 3 行、4 行播种机为主。

（二）机械化收获技术

在玉米成熟时，根据其种植方式、农艺要求，全部（切割、摘穗、剥皮、脱粒、集箱和秸秆还田）或部分生产环节应用机械来完成的作业过程和应用技术。在我国大部分地区，玉米收获时的籽粒含水率一般在 25%～35%，收获时不能直接脱粒，多采取分段收获法。第一段是采摘、收集带苞皮或剥皮的玉米果穗，并进行秸秆处理；第二段是将玉米果穗经晾晒风干后进行脱粒。玉米机械化收获的应用技术主要有联合收获秸秆直接还田技术、人工摘穗秸秆还田技术、穗茎兼收技术。目前，主要有三种基本应用形式：一是人工摘穗，秸秆机械还田或秸秆青贮收获；二是机械联合收获，秸秆机械还田或秸秆青贮收获。三是整株机械割铺，人工摘穗和秸秆再利用。

玉米联合收获机作业应满足国家有关标准要求：籽粒损失率不超过 2%，果穗损失率不超过 3%，籽粒破碎率不超过 1%，割茬高度小于 8 厘米，玉米茎秆粉碎还田时，茎秆切碎长度不超过 10 厘米，抛撒均匀。

为保证玉米果穗的收获质量和秸秆处理的效果，减少果穗及籽粒破损率，提高秸秆还田的合格率、根茬破除合格率，满足秸秆切段青贮的要求，玉米机械收获应满足以下要求：①实施秸秆青贮的玉米收获要适时进行，尽量在玉米果穗籽粒刚成熟时，秸秆发干变黄前（此时秸秆的营养成分和水分利于青贮）进行收获作业。②玉米收获尽量在果穗籽粒成熟后晚 3～5 天再进行收获作业，这样玉米的籽粒更加饱满，果穗的含水率低。③秸秆越青，水分越高，越利于将秸秆粉碎，可以相对减少功率损耗。④根据地块大小和种植行距及作业质量要求选择合适的机具，作业前制定好具体的收获作业路线，同时根据机具的特点，做好人工开割道等准备工作。

（三）注意事项

（1）作业前应调整机具，达到农艺要求后，方可投入正式作业。

（2）播种、收获前，应做好田间调查，将水井、电杆拉线等不明显障碍安装标志。

（3）播种作业，要行走平直和换接行距一致，及时疏通塞堵现象，保持输肥、输种管畅通，防止缺苗断垄，保证作业质量。

（4）收获前3～5天对田块中的沟渠、垄台予以平整，以利安全作业，并对玉米的倒伏程度、种植密度及行距、果穗的下垂度、最低结穗高度等情况进行田间调查。作业时，调整摘穗辊（或搞穗板）间隙，以减少籽粒破碎；作业中，割台要对准玉米行，既可减少掉穗损失，又可提高作业效率。注意果穗升运过程中的流畅性，以免卡住、堵塞；随时观察果穗箱的充满程度，及时倾卸果穗，以免果穗满箱后溢出或卸粮时卡堵。

（5）正确调整秸秆还田机的作业高度，以保证留茬高度小于8厘米。

（6）如安装灭茬机时，应确保灭茬刀具的入土深度，保持除茬深浅一致，保证作业质量。

■ 马铃薯生产机械化技术

马铃薯生产机械化技术包括从耕整地、种植、田间管理、收获到储运的多项农艺过程。技术路线为：造墒→耕整地→种植（开沟、施肥、地下杀虫、播种、覆土、覆膜）→田间管理（中耕、喷施除草、病虫害防治、灌溉）→收获（除秧、秸秆还田）→田间运输等。马铃

薯生产专用机械包括犁、耙、起垄机、播种机、施肥机、镇压器、喷雾机、除秧秸秆粉碎还田机、收获机等。实现马铃薯生产全程机械化，要求马铃薯生产必须走基地规模化、种植标准化、品种产业化发展的道路。适宜区域：马铃薯主产区。

（一）技术要点

1. 耕整。

（1）翻耕。耕深22～25厘米，深浅一致，翻垡良好，地表植物残株、肥料覆盖严密，无漏耕、重耕。

（2）旋耕。耕深10～15厘米，碎土一次成型。

（3）开沟。一般分为围沟、厢沟和腰沟。围沟深度为30～40厘米，宽度为20～30厘米；厢沟和腰沟深度为20～30厘米，宽度为15～25厘米。

2. 选种。 按照当地农技部门提供的品种适时播种，要求种薯大小均匀，一般为30～40克，大于50克的种薯需切块。

3. 播种复式作业。 可一次性完成开沟、播种、施肥、培土和履膜作业。每亩施复合肥0～100千克，肥料比种子深施5厘米；播种行距为25～50厘米，株距为20～36厘米，播种深度为10～15厘米；垄作时，垄宽80厘米（可调），垄高15～25厘米；最后完成地膜覆盖。

4. 田间管理。 中耕追肥：马铃薯齐苗后进行第一次中耕除草培土，并每亩施追肥3～8千克；现蕾后再进行一次中耕培土。

5. 适时采收。 马铃薯收获机一次性完成挖掘、输送分离、集条作业，该机采用两级分离筛，强制振动，分离效果好，收净率不低于

98%，破损率不超过 2%，工作效率为 5 亩/小时，工作深度为 25～30 厘米，收获幅宽为 80 厘米（可调）。

（二）注意事项

（1）种植前要优选良种、配方施肥，适时播种，定时灌溉，为马铃薯合理密植高产提供条件。

（2）机具性能满足深松（耕）保墒、省工、节种、节肥、种植深浅一致的质量要求。

（3）所选种植机械的配套动力要有适当的功率储备，以适应高海拔气候耕作的要求。种植专用机械能满足种植模式的农艺要求，完成播种作业的全部内容和环节。

■ 水稻生产机械化技术

水稻生产机械化技术是通过规格化育秧，采用插秧机和联合收获机进行插秧与收获，主要包括适宜机插秧秧苗培育、插秧机操作、大田管理农艺配套措施、机收等。适宜区域：适于全国水稻产区，主要在连作早稻、单季稻区种植应用。

水稻机插、机收增产增效情况

水稻机插秧技术可比人工种植技术每亩实现节约种植成本 50～100 元，实现增产 5%，每亩增产稻谷 20 千克左右。机收较人工收获提高功效 30 倍以上，每亩节省成本 100 元以上。

（一）技术要点

1. 标准化育秧。 采用机插秧盘育秧或双膜育秧，根据机插秧特性合理安排播种期，培育适合机插秧苗，秧苗应根系发达，苗高适宜，茎部粗壮，叶挺色绿，均匀整齐。要求秧龄 15～25 天，叶龄 3～5 叶，适宜苗高 12～20 厘米。

（1）秧田准备。选择避风向阳、土壤肥沃、有利排灌、运秧方便、便于操作管理的田块做秧田。提前 3 天左右做好秧板。秧板宽 1.5 米，沟宽一般为 0.3 米。要求稠平、沉实、无杂质。秧田与大田面积比为 1：80～100。1 亩大田秧苗需 6～8 米^2 秧田。

（2）底土配制和装盘。每亩大田机插需准备 20～30 张左右的标准塑料秧盘（规格：28 厘米×58 厘米×2.5 厘米）。备配制营养细土 100 千克作底土，另备过筛细土 25 千克进行盖土。100 千克底土加 200 克复合肥和 300～400 克壮秧剂，装盘，厚度以 2.0～2.2 厘米为宜。

（3）适时精量播种。单季稻机插秧秧龄 15～20 天，每盘播种量 70～80 克干种。连作早稻秧龄 20～25 天，播种量 100～120 克干种，播种前用清水选种，用浸种灵等杀菌剂防病浸种 48 小时，预防苗期病害，催短芽、催短根均匀播种。播后及时盖素土，注意不能用拌过壮秧剂的营养土覆盖。将塑盘平铺于已整好的秧板上，每秧板横排铺 2 盘。一定使秧盘床土吃透水分，忌床土发白而影响出苗，力求保齐苗和全苗。

（4）培育壮秧。整个秧田期保持秧板湿润，机插前 3～4 天，适时控水炼苗，增强秧苗抗逆能力。注意看苗施断奶肥，促使苗色青绿。叶片淡黄褪绿的脱力苗，亩用尿素 4 千克左右；叶色较正常亩施尿素 2～3 千克。秧田期间注意防治立枯病、恶苗病、稻蓟马等。

2. 适期移栽。 宽行稀植根据水稻品种与组合的生长特性，选择适宜种植密度，改善群体光照和通风，浅水移栽，促进早发。早稻机插行距为 30 厘米，株距为 12～16 厘米，每丛 4 株左右，每亩大田 1.4 万～1.8 万丛，每亩栽秧苗 20～30 盘。单季杂交稻机插行距为 30 厘米，株距为 17～20 厘米，每丛 2 株左右，每亩大田 1.1 万～1.3 万丛，每亩栽秧苗 15～20 盘。机插漏秧率要求低于 5%。机插后灌好扶苗水，防败苗，促进秧苗早返青。

3. 精确施肥。定量控苗根据水稻目标产量及植株不同时期所需的营养元素量及土壤的营养元素供应量，计算所施的肥料类型和数量，进行补充。结合不同生长期植株的生长状况和气候状况进行施肥调节，与好气灌溉结合，定量控苗。

4. 病虫草害综合防治。利用宽行稀植、控氮增钾、好气灌溉的基础农艺措施的防治技术，结合化学防治。

5. 收获。机收采用联合收获机收获。

（二）注意事项

（1）合理增施壮秧剂和喷施多效唑：单季稻苗期气温高，机插秧苗秧龄短，分批合理安排播期。并增施壮秧剂和喷施多效唑，喷施多效唑在1叶1心前喷施。

（2）改进大田肥水管理：机插稻生育规律不同于手栽稻，生长中期及时排水控苗，控制群体，防止苗峰过大，穗型变小及倒伏。

■ 机械化保护性耕作技术

机械化保护性耕作技术是用秸秆残茬覆盖地表，尽量减少耕作，实行少免耕施肥播种、病虫害防控和深松等为主要内容的保护性耕作措施，是改善土壤结构、培肥地力、提高抗旱能力、减少风蚀水蚀、节本增效、实现农业可持续发展的一项先进耕作技术。适宜区域：北方一年一熟区、两熟区，黄土高原一年一熟区，东北垄作区，黄淮海水旱轮作类型区。

实施保护性耕作技术可提高天然降水的利用率和土壤肥力，增强耕地的蓄水保墒能力，减少水土流失，保护农田，减少农业生产投入，降低农业生产成本，保证粮食产量稳产、高产，提高雨养旱作农业综合生产能力，逐步改善农业生产环境，实现经济效益、社会效益和生态效益的有机结合，促进农业节本增效和可持续发展。经过多年实践证明，生态、经济效果明显，是实现农业生产生态良性循环的最佳技术途径之一。

机械化保护性耕作增产增效情况

与传统耕作比较，机械化保护性耕作可提高农田土壤含水量的 9.3%～25%，增加有机质含量 0.3～0.94 克/千克，减少农田大风扬尘 35.9%～58.8%；亩均节约作业成本 16.5 元，农作物一般增产 3% 以上。

机械化保护性耕作的核心技术包括秸秆与表土处理作业、免耕播种作业、深松作业、杂草控制与病虫害防治四项关键技术。该技术涉及小麦、玉米、水稻等主要作物。各地种植模式不同，要有针对性地选用适宜的技术模式。

（一）技术模式

1. 北方一年两熟区。以种植小麦、玉米为主。有周年秸秆覆盖免耕播种及周年秸秆覆盖少免耕播种等两种技术模式。

（1）周年秸秆覆盖免耕播种。机械化摘穗与粉碎秸秆覆盖（或机收青贮留高茬覆盖、人工摘穗）、播前秸秆粉碎（主要针对人工摘穗，或高产玉米机收后再粉碎）、免耕播种机施肥播种小麦、播后出苗前化学除草（或苗期化学除草）、灌水、追肥、植保等田间管理。

（2）周年秸秆覆盖少免耕播种。秸秆粉碎覆盖地表、深松作业、少免耕播种机施肥播种、播后出实施苗前化学除草（或苗期化学除草）、灌水、追肥、植保等田间管理。

2. 北方一年一熟区。以种植玉米为主。有碎秆覆盖少耕、整秆覆盖少耕和高留茬少耕三项技术模式。

（1）碎秆覆盖少耕。玉米收获、秸秆粉碎还田、春季苗带碎茬播种、药剂灭草、垄作中耕一次。

（2）整秆覆盖少耕。玉米成熟收穗、立秆越冬、春季秸秆处理、免耕播种施肥、药剂灭草、垄作中耕一次。

（3）高留茬少耕。玉米成熟收穗、割秸秆留茬30厘米以上、秸秆运出、春季苗带碎茬播种、药剂灭草、垄作中耕一次。

3. 黄土高原一年一熟区。以种植小麦、玉米为主。有秸秆覆盖免耕播种、秸秆覆盖少耕播种、小杂粮保护性耕作、根茬固土免耕播种等技术模式。秸秆覆盖是保水、保土、保肥的关键，因此要把尽可能多的秸秆留在地表并均匀分布。免耕播种作业要求选用免耕播种专用机械，作业无堵塞，播种质量好，能深施化肥。免耕播种机施肥播种小麦后、出苗前进行土壤封闭化学除草，全生育期田间管理。

4. 东北冷凉垄作区。以种植玉米、大豆为主。有留高茬原垄浅旋灭茬播种技术模式、留高茬原垄免耕错行播种技术模式、留茬倒垄免耕播种技术模式。通过农田留高茬覆盖越冬，既有效减少冬春季节农田土壤风蚀、水蚀，又可以增加秸秆还田量，提高土壤有机质含量。

5. 水旱轮作类型区。以种植水旱两作为主。有稻麦（油）轮作和稻薯轮作等技术模式，主要是水稻收割留茬覆盖（或碎秆覆盖）、小麦（油菜）进行少免耕施肥播种、出苗前土壤封闭化学除草、排灌、追肥、植保等田间管理。

（二）技术要点

（1）秸秆与表土处理作业秸秆覆盖均匀，覆盖率不低于30％；玉米留茬覆盖处理的茬高应不低于30厘米。覆盖严重不均或地表不平时，需要使用秸秆粉碎机、圆盘耙等机具将秸秆覆盖分布均匀或平整地表。

（2）免耕播种作业要求作业无堵塞，播种质量好，能深施化肥。对一年两熟高产地区免耕的种床，播种后种带上方秸秆覆盖率不超过30％，以利于作物出苗；小麦播种作业质量满足《小麦免耕播种机作业质量验收标准》的要求。

（3）深松作业一般在实施保护性耕作初期2～3年深松一次，期间主要依靠蚯蚓、根系、土壤胀缩等自然松土。以后逐渐减少或取消机械松土，深松深度应在30厘米左右，铲式深松机应配带镇压器。深松作业质量应满足《深松机作业质量验收标准》的要求。

（4）东北留高茬原垄浅旋灭茬播种模式在玉米、大豆秋收后农田留30厘米左右的高茬越冬；翌年春播时浅旋灭茬，并尽量减少灭茬作业的动土量，采用旋耕施肥播种机进行原垄精量播种；保持垄形，苗期进行深松培垄、追肥及植保作业。

（5）东北留高茬原垄免耕错行播种技术模式宽垄作业，垄宽一般为70～100厘米，秋收后留30厘米左右的残茬越冬；翌年春播时在原垄顶错开前茬作物根茬进行免耕播种；保持垄形，苗期进行深松培垄、追肥及植保作业。

（6）东北留茬倒垄免耕播种技术模式在秋收后农田留20～30厘米的残茬越冬；翌年春播时，采用免耕施肥播种机，错开上一茬作物根茬，在垄沟内免少耕播种；苗期进行中耕培垄、追肥及植保作业，深松作业可结合中耕或收获后进行。

（7）杂草控制与病虫害防治为了既控制杂草，又不多喷除草剂，在杂草严重地区（如农牧交错区），提倡喷药、机械、人力、生物防治等多种措施相结合。①小麦田杂草防治：在小麦休闲地，当杂草生长到10厘米左右或播前10～15天时，选用高效、低毒、低残留的灭生性除草剂。在施药的同时应该配合机械和人工除草。②病虫害防治：保护性耕作小麦等作物农田病虫害防治技术，可以按照传统耕作方式病虫害防治技术执行，主要防治技术包括选用抗病品种、种子包衣、药剂拌种、合理轮作、及时除草清田和有的放矢的化学药剂等综合措施。选用高效、低毒、低残留的化学药品。

（三）作业机具

北方小麦、玉米区选用动力驱动型免耕播种机、秸秆粉碎机、喷药机、深松机、圆盘耙、联合收获机、机载式植保机械等。

黄土高原一年一熟区选用被动型小麦免耕播种机、秸秆粉碎机、喷药机、深松机、浅松机联合收获机、植保机械等。

东北垄作区选用破茬覆垄施肥播种机、免耕施肥补水播种机、大型深松机、秸秆还田机、除草机、机载式植保机械等。

南方水旱轮作类型区选用动力驱动型小麦（油菜）少免耕播种机、秸秆粉碎机、联合收获机、植保机械等。

（四）注意事项

（1）技术模式要考虑整个生产周期。如一年两熟地区，小麦筑埂时，要考虑播种下茬玉米时如何平畦埂，否则会影响玉米播种质量。

（2）尽量采用有利于增产的配套技术，提高保护性耕作的产量。如种子精选及浸种拌种技术、配方施肥技术、沟灌技术、小麦宽窄行种植技术等。

（3）深松作业一定要在田间土壤含水量合适的时候进行，一般土壤含水量以 14％～20％为宜。

（4）杂草防除方法应根据杂草生长情况灵活掌握，对个别生长较高的杂草应采用人工铲除，喷洒农药时，应选择晴天无风、喷药后 8 小时无降雨的天气进行，并严格按照使用说明书中的说明操作。同时，注意保管好除草剂，防止发生人畜安全事故。

■ 农作物秸秆综合利用机械化技术

农作物秸秆可用作肥料、饲料、生活燃料及工业生产的原料。近几年利用专门的机械设备或秸秆饲料生产线，把秸秆加工成颗粒或块状干饲料发展较快。采用专用秸秆根茬收割捡拾打捆机一次性完成高留茬秸秆的收割、捡拾、挤压、捆扎，或用秸秆捡拾打捆机完成联合收获机抛撒在田间的秸秆的捡拾、挤压、捆扎等多道工序，具有高效、省工、抢农时等明显效益。机械收获和切碎加工秸秆比较人工作业可以减少损失 5%。采用机械化收获和粉碎后的玉米秸秆青贮可提高粗脂肪 11% 以上，降低粗纤维 28%，提高消化率 20%。适宜区域：粮食作物主产区。

（一）农作物秸秆收获还田机械化技术

小麦秸秆收获还田是在使用联合收获机收获的同时，使用安装在联合收获机上专门装置来粉碎秸秆，抛撒于地表。

玉米秸秆还田，一是应用玉米联合收获技术，在收获玉米果穗的同时实现秸秆粉碎还田；二是应用玉米青贮收获技术，在玉米摘除果穗后或连带果穗直接进行田间收获粉碎后用作青贮饲料，实现过腹还田；三是在人工摘除玉米果穗后，应用秸秆还田机械将秸秆粉碎还田。

水稻秸秆还田是用联合收获机收割水稻的同时，将秸秆切碎均匀抛撒地表后，用正旋或反旋秸秆还田机进行还田。

（二）农作物秸秆饲料加工机械化技术

该技术的应用以玉米秸秆的青贮加工为主，有塑料袋青贮和窖式青贮两种，即将蜡熟期玉米通过青贮收获机械一次性完成摘穗、秸秆切碎、收集，或人工收获后将青玉米秸秆铡碎至 1～2 厘米长，含水量一般为 67%～75%，装入塑料袋或窖中，压实排除空气以防霉菌繁殖，然后密封保存，40～50 天即可饲喂。

（三）农作物秸秆气化技术

将玉米蕊、棉柴、玉米秸、麦秸等干秸秆粉碎后作为原料，经过气化设备（气化炉）热解、氧化和还原反应转换成可燃气体，经净化、除尘、冷却、贮存加压，再通过输配系统送往用户，用作燃料或生产动力。

（四）农作物秸秆颗粒饲料加工成套技术

以玉米秸、稻草、麦秸、葵花秆、高粱秆之类的农作物秸秆等低值粗饲料，加转化剂后压缩，利用压缩时产生的温度和压力，使秸秆氨化、碱化、熟化，使秸秆木质素彻底变性，提高其营养成分，制成品质一致的颗粒状饲料，成为反刍动物的基础食粮。经加工处理后的农作物秸秆粗蛋白含量从 2％～3％提高到 8％～12％，消化率从30％～45％提高到 60％～65％。该技术适用于公司加农户模式，能工厂化生产，商品化流通，生产成本低。

（五）农作物秸秆有机肥生产技术

利用大型铡草机将秸秆粉碎，用水把秸秆浸透，分层在秸秆上撒上畜禽粪便和腐解剂，堆制过程中用机械均匀翻动，再堆成半圆体进一步腐熟，数日后晒干粉碎，由秸秆有机肥造粒机加工制成颗粒状肥料，再装袋运输和销售。

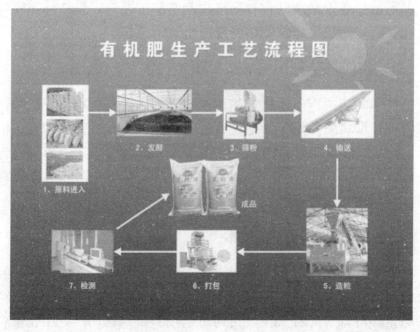

有机肥生产工艺流程图

1、原料进入　2、发酵　3、筛粉　4、输送　5、造粒　6、打包　7、检测　成品

（六）农作物秸秆栽培食用菌技术

利用秸秆作为基料栽培食用菌，剩余的蘑菇糠是优质有机肥，可还田。

（七）农作物秸秆工业用品加工技术

以玉米秸、麦秸等各种秸秆为原材料，利用高压模压机械设备，经碾磨处理后的秸秆纤维与树脂混合物在金属模具中加压成型，制成各种高质量的低密度、中密度和高密度的纤维板材制品，具有广泛的应用范围。

（八）秸秆收加贮运机械化技术

秸秆综合利用的第一车间是在田间，农作物秸秆田间机械化收集、加工、贮藏、运输是秸秆综合利用运行过程工艺路线的关键环节。重点推广农作物秸秆田间机械化捡拾、打捆、贮藏、运输等技术，重点解决农业生产的季节性与秸秆综合利用连续性之间的矛盾。

▇ 设施农业机械化技术

设施农业主要包括设施栽培和设施养殖。前者的主要设备有各类塑料棚、各类温室、人工气候室及其配套设备。后者的主要设施有各种保温、遮阴篷和现代集约饲养的畜禽及配套设施设备。

（一）设施园艺技术

小拱棚、遮阴棚多用竹木做骨架，以塑料薄膜和稻草等其他材料简单搭盖；竹木大棚，用竹片或竹竿做骨架，每个骨架用水泥柱或木桩做支柱；钢架大棚，采用钢管搭建大棚，目前普遍用连接件代替焊接技术来固定钢管。塑料连栋温室以钢架结构的为主。玻璃/PC 板连栋温室以透明玻璃或 PC 板为覆盖材料的温室，这类温室的骨架为镀锌钢管，门窗框架、屋脊为铝合金轻型钢材。

温室设施内使用的主要装备包括物理植保技术装备或其他喷雾植保机械、物理增产技术装备、耕耙与灌溉类机械装置、湿帘降温系统等。其中，物理植保技术装备包括温室电除雾防病促生系统、土壤连作障碍电处理机、臭氧病虫害防治、色光双诱电杀虫灯、防虫网；而物理增产技术装备包括利用空间电场生物效应制造的空间电场光合作用促进系统、烟气净化二氧化碳气肥机、补光灯、滴灌系统等；耕耙机械装置包括微耕机、微滴灌装置；其他喷雾植保机械包括机动和手动施药器具。温室设施外使用的机械装备有草苫（保温被）卷帘机、卷膜器等。在生产作业中，机械耕作比较普遍，其他生产环节大多是人工作业。

（二）设施畜禽养殖技术

环境安全型畜禽舍是建设重点，其中的防疫装备包括空间电场防疫系统、等离子体灭菌除臭系统，而生产辅助设备主要有喂料机、喷淋设备、风机、冷水帘以及粪便处理设备等，大型养牛场还配备了自动挤奶、杀菌、冷藏等设备。大型鸡、鸭、鹅饲养场还配备有自动孵化设备。

（三）设施食用菌生产技术

环境安全型菇房已经成为食用菌工厂化生产建设的重点。其中，空间电场灭菌防病和促进食用菌生长的技术装备是其配置的重点。

（四）设施水产养殖技术

目前应用最普遍的是利用聚乙烯网片制作的网箱，配备的设备主要是增氧机。介导鱼礁水体微电解自动消毒技术正在进入试验示范阶段，它的发明对集约化水产品养殖业健康发展至关重要。

■ 化肥深施机械化技术

化肥深施机械化技术是指使用化肥深施机具，按农艺要求的品种、数量、施肥部位和深度适时将化肥均匀地施于土壤中的实用技术，主要包括耕翻土地的犁底施肥技术、播种时的种肥深施技术和小麦生长前期的化肥追施技术。适宜区域：小麦种植区。

使用化肥深施机深施化肥可提高肥效利用率10%以上，而且施肥均匀，效率高，具有很显著的节本增产效果。据河南省多点试验，化肥机械深施比人工浅施亩增产小麦35千克，追施碳铵肥效利用率由29.5%提高到42.2%，追施尿素肥效利用率由31.7%提高到41.7%；在基本保持机施与人工施肥小麦亩产持平的情况下，每亩可节省碳铵11.7千克或尿素4.3千克。

（一）底肥深施机械化技术

1. 先撒肥后耕翻。尽可能缩短化肥暴露在地表的时间，尤其对碳酸氢铵等易挥发的化肥，要做到随撒肥随耕翻深埋入土。此种施肥方法可在犁具前加装撒肥装置，也可使用专用撒肥机，肥带宽基本同后边犁具耕幅相当即可。作业要求：化肥撒施均匀，翻埋及时。

2. 边耕翻边施肥。 通常将肥箱固定在犁架上，排肥导管安装在犁铧后面，随着犁铧翻垡将化肥施于犁沟，翻垡覆盖，基本上可以做到耕翻施肥作业同步。作业要求：施肥深度 15 厘米左右，肥带宽 3～5 厘米，排肥均匀连续，断条率＜3％，覆盖严密。

（二）种肥深施机械化技术

种肥通过在播种机上安装肥箱和排肥装置来完成。种肥深施分侧位深施和正位深施两种。

1. 技术要点。 肥料施于种子正下方或侧下方，以不烧苗为原则，氮肥与种子的隔离土层应在 6 厘米以上，其他肥为 3～5 厘米。

2. 作业要求。 各行排量一致性变异系数不超过 13％，总排肥量稳定性变异系数不超过 7.8，且镇压密实。

（三）化肥追施机械化技术

1. 追肥时间。 视小麦苗情，一般在小麦冬灌前或小麦返青期、起身期、拔节期进行追肥，也有在起身期或抽穗期喷施叶面肥。

2. 追施肥料要求。 小麦追肥一般为氮素化肥或复合肥。一般碳铵每公顷追施 450～600 千克，尿素每公顷追施 180～270 千克，复合肥每公顷追施 750～975 千克；追施叶面肥时，每公顷喷洒 2％～3％尿素溶液 750 千克或 0.3％～0.4％磷酸二氢钾 750 千克。

3. 技术指标。 排肥断条率低于 3％；中耕追肥均匀性变异系数不超过 40％；化肥土壤覆盖率要达到 100％；中耕追肥作业伤苗率低于 3％；追肥机具施肥深度为 6～10 厘米，施肥位置在作物行距两侧的 10～20 厘米处。

(!) 温馨提示

化肥深施机械化技术注意事项

深施肥机具应符合当地适宜的作物种植农艺要求，具有可调节施肥量的装置，作业时不应有断条现象，排肥断条率低于3%，施肥位置准确率不低于70%，单季作业换件或故障修理不超过1次/台（件、组）。

２ 农业机械化节能减排技术

农机节能技术就是运用现代农业设备、科学的使用方法和管理措施使农业机械设备在运用过程中达到最佳节能状态的技术。主要包括机械设备的正确调整，采用节油设备和材料，农业机械在田间和场上作业、道路运输等过程中通过科学合理的配套和运行方式，采用合理的耕作制度等。

目前，我国农业机械已经普及了农业生产的各个环节，在发达地区基本实现了耕、耙、播、收的全程机械化，较大程度地改善了农业生产条件。但是，从我国的实际情况来看，由于农业机械技术水平低、土地经营规模过小、使用管理也不科学，所导致的机械投入效益低及油料的浪费现象十分普遍。

农机节能技术在我国已不同程度地得到应用。早在20世纪80年代后期，"S195型柴油机节能技术改造"就被农业部列为全国农机管理系统的目标管理项目，在全国大范围推广应用；大中型拖拉机技术改造项目在我国部分省份示范推广，主要是从改善柴油机的压缩性能、提高密封性能、改进燃烧室等方面提高发动机的动力经济性，节约燃料消耗。金属清洗剂节能技术被列为重点推广的节能项目，1千克金属清洗剂可以替代20千克油料，且降低成本50%，目前已在全国农机修理等行业广泛应用。近几年，各种柴油添加剂得到应用，起到节能环保的作用。以减少农机进地次数实现节能。采用复式联合作业机械、农田实行保护性耕作等农机节能技术正在全国各地迅速推广。

农机管理与运用节油技术

（一）推广复式作业机械，减少多次进地作业成本和用油

我国现有的各类农田作业机具大多是功能单一的机型，一种机具只能承担一项作业，无形中增加了拖拉机进地作业的次数及油耗。近几年来，我国农机科研单位和生产企业已开发出一批新式的复式联合作业机具，将整地、破茬、开沟、施肥、播种、覆土、镇压等环节作业一次完成，节油和节省劳力在 30％以上，并且机械进地次数少，有利于作物生长。

（二）合理配套动力结构，采用大型作业机械

农用动力机械有大中小之分，配套农具有轻型、中型、重型之别。一台拖拉机可配不同农具进行不同作业，不同农具进行不同作业所需的牵引动力也是不一样的。一般要求拖拉机在接近满负荷下工作，只有在满负荷状态下拖拉机才能充分发挥其动力性。要求一台拖拉机可带多组农具作业，合理选择及配套农机具可最大限度地避免大马拉小车或小马拉大车，既能保证农用动力机械充分发挥作用，节约燃油，也能提高作业效率。由于实行家庭承包经营，中小型拖拉机及配套农具发展迅速，但小型农机具与大型农机具相比不仅作业质量差、效率低，而且耗油量也大。因此，积极引导发展大型农业机械，是农机节能的重要措施。

（三）改变耕作制度，降低能源消耗

我国传统农业的特点是精耕细作，是以过度的人力和资源消耗为代价的，在农作物和肥料品种不断更新、现代农业技术取得长足进步

及农业产业化、集约化生产持续发展的今天，已明显不能适应当今农业可持续发展和建设节约型和谐社会的形势。目前，我国农业尤其是粮食生产的工序依然繁多，用工量大、能耗高，主要农产品作业成本长期居高不下。改革种植结构和生产习惯，推行免耕、少耕的保护性耕作及水田旱育栽培等低耗能轻型耕作法，改进生产工艺，简化生产工序，减少机械作业量，可取得显著的节能降耗效果。在一年两熟区保护性耕作节本增产带来的每公顷平均综合经济效益在 1 500 元左右，一年一熟区在 675 元左右。

（四）实行统分结合的生产模式，改善机械作业条件

目前家庭承包经营的农业生产模式，使土地规模变小，作物种植品种多，且过于分散，影响了农业机械效率的发挥。拖拉机在作业中转弯、掉头、转移地块频繁，空行程、开闭墒次数增多，不但降低了作业质量，而且增加作业时间，增加了燃料的消耗，加大了作业费用支出。把一家一户为基本单位的小块地合并为大地块，搞联片作业，进行规模化生产，实行统一耕种、分户管理的办法，是提高农机作业效率、发挥农机化作用的可行措施，同时也降低了农机作业的燃料消耗，降低了农业生产成本。

（五）提高农机操作人员水平，普及节能技术

农业机械要发挥正常作用，除本身的特性外，操作技术水平十分关键。就拖拉机而言，在一定负荷下完成某项作业所用的时间越短燃料的消耗就越少。缩短作业时间要求驾驶人员必须有熟练的操作技术，农机具必须有良好的工作状态。因此，加强技术培训，提高驾驶操作人员的技术水平是提高作业效率、节约能源消耗的前提条件。

（六）实行强制报废制度，减少油耗

制订发动机、拖拉机的报废标准，实行强制报废。据调查，目前拖拉机的耗油率在正常技术条件下一般为 220～250 克/（千瓦·时），但许多拖拉机多年失修，超期服役，耗油率达到 350 克/（千瓦·时）

以上。

■ 实用节油技术

（一）节油器节油技术

节油器节油技术是在进油管路上安装节油器，在磁场作用下油分子结构被改变，浓度下降、流动性提高，燃烧值提高，从而实现节油。该技术节油效果明显，节油率为3%～10%。该技术可应用于燃油发动机，如汽车、摩托车、拖拉机等。

（二）柴油添加剂节油技术

主要是在柴油中添加一种活性物质，其超强的物理活性，将会提高柴油的燃烧物理活性，改善柴油的低温流动性，部分添加剂可以引起多次微爆使燃油二次雾化，与空气混合均匀、充分，使燃烧进行更彻底，最终达到节约燃油消耗、清除燃烧室内沉积物、降低燃烧尾气污染物排放的目的。目前柴油添加剂节油技术一般可节省燃油3%～5%，一般适用于各种柴油机和汽油机，部分混合型添加剂同时适用于柴油机和汽油机。

（三）金属清洗剂节油技术

金属清洗剂是一种合成洗涤剂，可以替代汽油、煤油和柴油等有机溶剂清洗金属机件，具有去污力强、防锈性好、无味、无毒、无刺激、无火灾危险等特点，使用工艺简单，安全可靠，经济实惠。据试验统计，使用1kg水基清洗剂，可以代替20kg有机溶剂，所需费用仅为有机溶剂的10%～20%。

（四）拖拉机节油技术

拖拉机使用中有许多技巧，可以节省油耗。主要包括：一是保持发动机水温在85～95℃；二是掌握熟练的驾驶技术，避免停车换挡，行车途中不要突然猛加油或突然减速，尽量少用刹车；三是尽量在满负荷状态下工作；四是不要随意改变排气管的长度和方向，以免增加排气阻力；五是定期对发动机进行技术检测，正确调整气门间隙和喷油压力等；六是经常保养空气滤清器，不用布或其他物件包裹空气滤清器，保持滤清器进气流畅，以减少进气阻力；七是选择合适的轮胎气压和尺寸，道路运行时轮胎的气压要充足，但不要超过最高压力，在松软的田间作业时，气压可适当偏低；八是搞好油料净化，按期更换润滑油；九是保持传动装置配合间隙合理，润滑良好。

参考文献

保护性耕作技术编委会 . 2006. 保护性耕作技术 . 西安：陕西科学技术出版社 .

吕思光，马根众，何明 . 2006. 联合收获机保护性耕作机械化实用技术培训教材 . 北京：人民武警出版社 .

单元自测

1. 有哪些农业机械化重点推广的新技术？
2. 有哪些农机化节能减排技术？

技能训练指导

玉米收获机械化技术

玉米机械化收获技术是指使用玉米收获机械在田间一次完成、摘穗、剥皮、果穗装车、秸秆粉碎还田或回收等多项作业的过程。

（一）训练场所

收获期玉米地若干亩。

（二）设备材料

4YZ-4型玉米联合收获机和运输机车一组，机车的各项间隙和距离的调整工具和清理工具。

（三）训练目的

使收割机组人员熟悉玉米收获机械化作业流程，掌握玉米联合收获机的操作技能，按照农业技术要求保证高质量、高效率地完成玉米收获机械化作业任务。

（四）训练步骤

1. 收获前准备。

（1）做好田间农艺调查。对玉米的倒伏程度、种植密度和行距、果穗的下垂度、最低结穗高度等情况，做到心中有数；平整沟渠、垄台田块清除障碍，对不能清除的水井、电杆拉线等不明显障碍处作出明显标记，以利安全作业；遇地头不能出车的地块，应提前用人工割出机组地头转弯的地段。

（2）玉米收获机检查。作业前应对机组进行全面检查、保养，并紧固所有松动的螺栓等；确定机组收获行走路线、次序，对机具编组，根据运输距离、地面情况、作物质量确定配套运输车组。

2. 试运转。首先将玉米收获机离合手柄置于"离合"位置，再将拖拉机变速手柄置于空挡位置，然后启动发动机。先踏下拖拉机离合器踏板，再将玉米收割机平稳低速试运转。踏下拖拉机离合器踏板，将拖拉机变速手柄置于相应挡位，慢抬离合器踏板，加大油门，分禾器对行起步收获。

（1）在最初工作的 30 小时内，应以中负荷（75％）进行试运转，其行走速度应低于 2 千米/小时。

（2）正常作业速度，应根据玉米产量予以调节，一般掌握在 3～9 千米/小时范围内。

（3）当试运转结束后，要彻底检查各部件的安装、调整及电气设备的工作状态，更换所有减速器及闭合传动机构的润滑剂。

（4）当收获机在带负荷运转的过程中，应按试运转技术维护规定保养收获机。

3. 收获作业。

（1）在收获乳蜡熟期的玉米前，应先割出 10 米宽的地头。然后再沿着玉米行的方向，把作业区分成 12 个小区，以减少地头转弯，提高作业效率。

（2）作业时，把割台降到工作位置，切割器的下刀刃距地面 100

毫米的距离，扶持器顶端距地面 70 毫米。

（3）当收获有倒伏的玉米时，松开固定限位器上螺栓的螺母，沿着所需方向把限位器移到茎秆扶持器的尖部距地面 20～30 毫米为止，然后拧紧螺母。收获时，割台应被降低到工作位置（在工作位置时，割台茎秆扶持器的顶端接触地面）。

（4）根据割茬的高度，检查切割器切割高度的调整是否正常。正常割茬高度为 80～100 毫米。

（5）收获作业前，切碎机滚子转速逐渐地从小增加到额定转速。只有切碎机滚子达到额定转速后才能开始收获作业。在收获机工作期间，要注意碎茎秆堵到切碎机的管子口，以防止堵塞切碎机。若切碎机皮带过紧，应适当地使收获机中断工作 1～2 分钟，以便除掉工作部件中的杂余物（玉米芯、谷粒等）。

（6）若筛架上有玉米穗，应减小逐稿室的出口截面尺寸（通过柜架的侧口进行调整）；若出现碎籽粒和过脱现象，应增加逐稿室出口截面尺寸。

（7）若卸在地面的茎秆、苞叶中含有过多的谷粒和带有谷粒的玉米穗，应增加下玉米筛架延长筛的倾角，并增大延长筛筛孔和下筛孔，降低收获机作业速度；若在拖车上有破碎的玉米穗，应减小下玉米筛架的筛孔。

（8）若在谷粒中出现碎玉米片，应减小延长筛的筛孔，并检查装在鱼鳞片颖糠筛上的防护板的紧度。

4. 检查和清理。

（1）检查区域的划分和清理。检查区由稳定区、检查区和停车区组成。玉米收获机测定区长度应不少于 20 米，检查区前应有 30～50 米的稳定区，检查区后应不少于 20 米的停车区。检查前要清除检查区（包括已割地和未割地 2～4 垄）的自然落粒、落穗、断离植株及结穗高度在 35 厘米以下的果穗。

（2）切割器工作效率及切割高度的检查。在测定区全部割幅内，等间隔取三点，每点连续测 10 株割茬，用尺量出割茬高度，几次测得割茬高度加起来，求出平均割茬高度，若不符合规定要求，查明原因，并加以排除。

（3）损失率检查。①籽粒损失率的检查：在检查区（包括清理区），拣起全部落地籽粒（包括茎秆中夹带籽粒）和小于5厘米的碎果穗，脱净后称重，计算损失率，若不符合要求，查明原因，并加以排除。②果穗损失率的检查：在测定区（包括清理区），收集漏摘和落地的果穗（包括5厘米以上的果穗段），脱净后称重，计算损失率。如不符合规定要求，查明原因，加以排除。

（4）籽粒总损失率的检查。总损失率由落地籽粒损失率和苞叶夹带籽粒损失率组成。①落地籽粒损失率：检查方法同籽粒损失率的检查。②苞叶夹带籽粒损失率的检查：在测定区，接取苞叶排出口全部排除物，取出其中夹带籽粒，并称重，计算损失率。不符合规定要求，查明原因，并加以排除。

（5）籽粒破碎率的检查。在测定区，从果穗升运器排出口接取不小于2 000克的样品，拣取机器损伤、有明显裂纹及破皮的籽粒，分别称出破损籽粒总重，计算损失率。如超过规定值，查明原因，并加以排除。

（6）苞叶未剥净率的检查。在检查区，从果穗升运器出口接取的果穗中，拣出苞叶多余或等于3片的果穗，计算苞叶未剥净率。若不符合规定要求，要查明原因，并加以排除。

提示：玉米联合收获机作业应满足国家有关标准要求：籽粒损失率不超过2%，果穗损失率不超过3%，籽粒破碎率不超过1%，割茬高度小于8厘米，玉米茎秆粉碎还田时，茎秆切碎长度不超过10厘米，抛撒均匀。

学习
笔记

_____

_____

_____

_____

图书在版编目（CIP）数据

农业机械操作员 / 李鲁涛，李敬菊主编 . —北京：
中国农业出版社，2014.10（2016.11 重印）
农业部新型职业农民培育规划教材
ISBN 978-7-109-19639-1

Ⅰ.①农… Ⅱ.①李… ②李… Ⅲ.①农业机械-操
纵-技术培训-教材 Ⅳ.①S232.7

中国版本图书馆 CIP 数据核字（2014）第 232599 号

中国农业出版社出版
（北京市朝阳区麦子店街 18 号楼）
（邮政编码 100125）
策划编辑 张德君 司雪飞
文字编辑 李兴旺

────────────

北京通州皇家印刷厂印刷 新华书店北京发行所发行
2014 年 11 月第 1 版 2016 年 11 月北京第 3 次印刷

────────────

开本：700mm×1000mm 1/16 印张：15
字数：220 千字
定价：34.00 元
（凡本版图书出现印刷、装订错误，请向出版社发行部调换）